# SD鋼彈 資料設定集 Mark-II

楓樹林

2018年為動畫《機動戰士SD鋼彈》上映30週年。「SD鋼彈」其實是由1985年時發售的可愛版鋼彈商品之一「超級誇張比例（super déformer）鋼彈世界」的簡稱，隨著1988年由製作《鋼彈》系列的SUNRISE公司改編為動畫後，成功奠定了不僅止於商品系列，亦是嶄新作品的定位；後來更突破純粹將既有鋼彈作品改造為SD版的範疇，催生出「武者」、「騎士」、「指揮官」等原創設計角色，進一步拓展SD鋼彈的世界觀。源自《鋼彈》可愛版商品的SD鋼彈，如今也以獨自路線發展30年以上，可說是自成一派呢。

　　本書將以在這段漫長歷史中堪稱棟梁的SD鋼彈設計師為焦點，從角色設計、商品設計等觀點切入，分析SD鋼彈的發展歷程。

# SD鋼彈30年發展史

SD鋼彈問世已有30年之久，如今仍然持續發展中。雖然幾乎每年都有新商品與新系列問世，不過在此要以其中最具代表性的項目為焦點，回顧整體的發展歷程。

| 1985年 | 轉蛋玩具「超級誇張比例鋼彈世界」發售 ——————— A |
| | ※橫井孝二「超級誇張比例鋼彈世界」商品設計 |
| 1986年 | ※桧山智幸「超級誇張比例鋼彈世界」貼紙畫稿 |
| 1987年 | FCDS軟體「SD鋼彈膠囊戰記」發售 |
| | 塑膠模型「BB戰士」發售 |
| | 玩具「鋼彈鎧甲」發售 |
| 1988年 | 電影版動畫《SD鋼彈》上映 |
| | OVA《機動戰士SD鋼彈》發售 |
| | 收藏卡「SD鋼彈世界」發售 ——————— B |
| | 塑膠模型「SD鋼彈BB戰士」發售 |
| | 「武者頑馱無」故事線開始發展 ——————— C |
| | 玩具「元祖SD鋼彈世界」發售 |
| | 《SD CLUB》創刊 |
| | ※今石進「SD鋼彈BB戰士」商品設計 |
| 1989年 | 《SD戰國傳》展開 |
| | 《SD鋼彈外傳》展開 ——————— D |
| | 電影版動畫《機動戰士SD鋼彈之逆襲》上映 |
| | 轉蛋玩具「SD鋼彈收藏幣」發售 |
| | ※かげやまいちご「超級誇張比例鋼彈世界」三視圖 |
| | ※浜田一紀「BB戰士」「元祖SD鋼彈」武器設計 |
| 1990年 | 《SD捍衛戰記》展開 ——————— E |
| | 《鋼德勇士》展開 ——————— F |
| | 收藏卡「SD鋼彈新大戰」發售 |
| | ※落合亮二「超級誇張比例鋼彈世界」三視圖 |
| | ※青木健太「SD大相撲」三視圖 |
| 1991年 | 電影版動畫《SD鋼彈緊急出擊》上映 |
| | ※寺島慎也「圓桌騎士篇」武器設計 |
| | ※宮豐「SD鋼彈浮雕模型」商品設計 |
| 1992年 | 塑膠模型「SD鋼彈迷你戰士」發售 |
| | 《新SD戰國傳》展開 |
| 1993年 | TV動畫《加油！SD鋼彈大行進》播映 |
| | 電影版動畫《機動戰士SD鋼彈慶典》上映 |
| | 《SD時空傳鋼冒險者》展開 ——————— G |
| | 玩具「元祖SD鋼彈世界」翻新 |
| | 轉蛋玩具「SD鋼彈R」發售 |
| | 收藏卡「SD鋼彈超級大戰」發售 |
| 1994年 | 《新SD鋼彈外傳》展開 |
| | 收藏卡「SD鋼彈外傳超級大戰」發售 |
| 1995年 | 《G變形部隊》展開 |
| 1996年 | 玩具「硬幣大師」發售 |
| | PS遊戲「新SD戰國傳 機動武者大戰」發售 |
| 1997年 | 《SD鋼彈聖傳》展開 |
| | 轉蛋玩具「SD鋼彈全彩小玩偶」發售 ——————— H |
| | PC遊戲「SD鋼彈外傳 Pipin」發售 |
| 1998年 | 收藏卡「SD鋼彈卡片遊戲 機動武力」發售 |
| | PS遊戲「SD鋼彈GGENERATION」發售 |
| 1999年 | 塑膠模型「SD鋼彈GGENERATION」發售 |
| 2000年 | 《SD鋼彈英雄傳》展開 |
| 2001年 | 《SD頑馱無 武者○傳》展開 ——————— I |
| 2004年 | TV動畫《SD鋼彈FORCE》播映 ——————— J |
| | 《SD鋼彈FORCE繪卷 武者烈傳》展開 |
| | 玩具「SD玩偶檔案錄」、「SD多重可玩偶」發售 |
| 2005年 | 玩具「D體型玩偶」發售 |
| 2006年 | 《SD鋼彈武者番長風雲錄》展開 |
| | 轉蛋玩具「SD鋼彈全彩小玩偶特裝版」發售 |
| | 玩具「元祖SD鋼彈世界 迷你收藏集」發售 |
| 2007年 | 《BB戰士三國傳》展開 |
| | 《SD鋼彈世界》&《SD鋼彈外傳》復刻版收藏卡發售 |
| 2008年 | 轉蛋玩具「SD鋼彈大震撼」發售 |
| | 高年齡層取向玩具「SDX」發售 |
| 2009年 | 《SD鋼彈羈絆版》展開 |
| 2010年 | 電影版動畫《超電影版 SD鋼彈三國傳 Brave Battle Warriors》上映 |
| | TV動畫《SD鋼彈三國傳 Brave Battle Warriors》播映 ——————— K |
| | 轉蛋玩具「轉蛋戰士NEXT」發售 |
| 2011年 | 收藏卡「SD鋼彈 終極大戰」發售 |
| 2012年 | 塑膠模型「傳奇BB」發售 |
| 2013年 | 「新約SD鋼彈外傳」展開 ——————— L |
| | 手機遊戲「騎士鋼彈 收藏卡戰記」開始營運 |
| 2014年 | 收藏卡「SD鋼彈外傳 勒克羅亞的勇者 現代復活篇」發售 |
| | APP遊戲「騎士鋼彈拼圖英雄」開始營運 |
| 2015年 | 收藏卡「騎士鋼彈 收藏卡任務」發售 |
| | 轉蛋玩具「轉蛋戰士DASH」發售 |
| 2016年 | 「元祖SD鋼彈世界」以高年齡層取向玩具的形式復活 |
| 2017年 | 轉蛋玩具「轉蛋戰士f」發售 |
| 2018年 | 塑膠模型「SD鋼彈CROSS SILHOUETTE」發售 |

※紅字部分是本書所介紹設計師首次經手的SD鋼彈相關工作。

# Prologue

在先前發行的《SD鋼彈資料設定集》中，乃是以發展超過30年的SD鋼彈為主題，並且將焦點放在參與製作該系列的設計師身上，介紹他們如何設計出相關商品和角色。

不過在浩瀚的SD鋼彈世界之海中，這些資料也只能算是其中一隅罷了。

這本全新編撰的續集Mk-Ⅱ，不僅刊載新搜集的資料，還邀請到更多SD設計師提供相關概念，比前作更深入地探討SD鋼彈的設計，並試著從設計師的立場、商品設計的觀點，揭曉如何將各方要素結合為一體，進而催生出SD鋼彈的設計。無論是以本書為契機開始接觸SD鋼彈的人，或是打從當年就迷上SD鋼彈的資深玩家，肯定都能從中全新感受到SD鋼彈的魅力。

這次不僅刊載一路發展至商品正式推出的初期稿件，亦包含並未對外發表，僅在企劃階段就告終的夢幻企劃等內容，絕對擁有許多比前作更為珍貴罕見的資料。還請各位仔細品味這些以往無人知曉的夢幻SD鋼彈。

# Contents

## 橫井孝二
### KOJI YOKOI

以「橫井畫伯」這個暱稱而廣為人知，更是創造「超級誇張比例鋼彈世界」的設計師。從最初投入到現今這三十多年來，不斷地設計出各式各樣的SD鋼彈，亦經手過無數畫稿。

## 桧山智幸
### TOMOYUKI HIYAMA

以橫井老師的助手擔綱轉蛋用畫稿、卡片用畫稿的插畫家，亦規劃了「SD鋼彈外傳」的世界觀設定。暱稱是「桧山騎長」。

## 今石 進
### SUSUMU IMAISHI

為「SD鋼彈BB戰士」擔綱設計、畫稿、漫畫的設計師。現今在SD鋼彈世界也仍是以繪製包裝盒和卡片等商品的畫稿為中心而大顯身手。

## 寺島慎也
### SHINYA TERASHIMA

繼今石先生之後，擔綱設計「BB戰士」的設計師。亦為動畫《鋼彈創鬥者 潛網大戰》等作品設計SD鋼彈角色。

## 浜田一紀
### KAZUKI HAMADA

創造《鋼德勇士》的設計師。除了經手商品設計和繪製畫稿之外，亦曾用「γ浜田」這個筆名連載《鋼德勇士教室》，也就是介紹鋼德勇士內容的漫畫作品。

## 宮 豊
### YUTAKA MIYA

為《鎧鬥神戰記》、《孖霸大將軍》擔綱設計與畫稿繪製的設計師。在此之前是以經手《超人力霸王 超鬥士激傳》的設計為主。

## LAYUP
### LAYUP

由BANDA擔綱監製，負責經手SD鋼彈所有設計的設計公司。橫井老師之前也是旗下一員，現今陣容包含かげやまいちこ老師、落合亮二老師等SD設計師。

## 青木健太
### KENTA AOKI

為BANPRESTO公司旗下遊戲設計原創SD鋼彈，同時也是為SD CLUB等雜誌繪製SD鋼彈畫稿的設計師。

## SD 鋼彈 THE LAST WORLD

2017 年 12 月起在 SUNRISE 旗下網站「矢立文庫」連載的 SD 鋼彈作品，描述諸多 SD 鋼彈從各個 SD 世界被召喚至東京，彼此交戰的故事。除了《SD 戰國傳》和《SD 鋼彈外傳》等既有的 SD 世界之外，亦有在本作首度公布的《SD 鋼彈海盜譚》等全新 SD 世界登場。

### 既有角色以強化力量的面貌登場

某些既有角色是以經過全新設計的造型登場。這類角色能夠由 SD 頭身比例變形為擬真頭身比例，可說是重新詮釋的 LAST WORLD 版造型。在這個故事的設定中，他們因為獲得「G魂」的力量而強化。

巨神體

武者荒烈驅主

### LAST WORLD 原創的新角色

以既有的 SD 世界為基礎，全新設計並不存在於舊有故事中的新角色。有些角色出自《鋼冒險者 21》這類續作，或是隸屬前傳的《鋼德勇士 ZERO》等作品。

三重鋼冒險　　G 猛獅　　三重鋼冒險 EX

G 悍鯊

### LAST WORLD 首創的新「SD 世界」

《SD 鋼彈忍風傳》、《SD 鋼彈海盜譚》等作品都是 LAST WORLD 首創的新 SD 世界，當然也各有屬於這些故事的角色登場。《忍風傳》在角色造型上是以《機動戰士鋼彈00》的 MS 為藍本，至於《海盜譚》則是以《GUNDAM Reconguista in G》的 MS 為設計基礎。

「銀牙」
海盜艾爾夫‧布魯克

巨神體

怪物 G-妖精

設計草圖

## SD鋼彈海盜譚

LAST WORLD 中首度公布的新SD世界，描述為了找尋祕寶而航行七大洋的海盜傳奇故事。不過在 LAST WORLD 中登場的只有主角勁敵——海盜團「昆塔拉」的領袖「艾爾夫·布魯克」，至於主角自我船長僅在解說時提起名字。這次為了編撰本書，特地請橫井孝二老師設計自我船長的造型，在此公布設計完稿的過程。

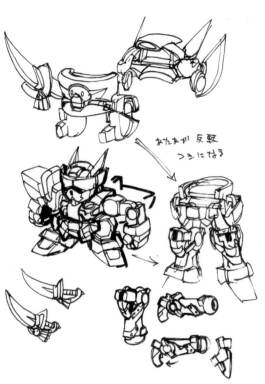

定案稿

## 自我船長

《SD鋼彈海盜譚》的主角，是以《GUNDAM Reconguista in G》登場機體「G-自我」為造型藍本的SD鋼彈。在故事設定中為海盜船梅格法納號的船長，與夥伴們一同找尋隱藏在七大洋中的七大祕寶。由於是配合 LAST WORLD 全新設計的角色，因此亦設計為能夠變形成擬真頭身比例的巨神體。

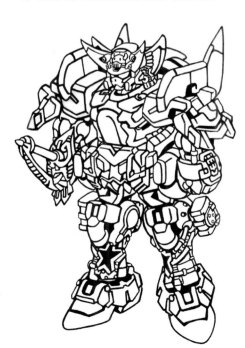

## 封面畫稿

本次也邀請設計造型的橫井孝二老師一併繪製封面用的圖稿原畫。由於是歸類為 LAST WORLD 的角色，因此繪製成 SD 形態搭配巨神體的構圖。身為畫稿主體的 SD 形態在額部設有骷髏標誌，還擺出持拿雙槍的架勢，可說是深具海盜氣息。有如凸顯 SD 形態般，背後的巨神體也特地繪製成了單色調的圖像。

草稿

完稿

配色指示

為各色塊塗上基本色

區別明暗色

添加高光效果

SD 形態是由今石老師負責上色。自我船長有著許多深金色的裝飾零件，上色時是先整片塗上較深的基本色，接著分別運用較明亮與較暗沉的顏色添加筆觸，藉此調整整體的色調表現。進一步添加高光色後，畫稿也就完成了。不過為了供印刷使用，最後還要轉成 CMYK 模式，再次微調色調，這樣一來印刷用畫稿才算完成。

# 橫井孝二
## KOJI YOKOI

從SD鋼彈誕生至今，這三十多年來不斷創造出新角色的設計師。不僅設計了主要角色，偶爾也會經手配角的設計，更協助繪製各式畫稿和漫畫，可說是肩負起SD鋼彈整體發展的棟梁。

No.**1** KOJI YOKOI TECHNIQUE CATALOG

# 畫稿

將鋼彈詮釋為二頭身這種超級誇張比例（SD）的造型，其實是源自以轉蛋戰士名義發售的立體商品，該系列正是因為有了橫井老師的畫稿才得以問世。橫井老師的畫稿可說是SD的原點，這類畫稿也會隨著用途與時期而變化。

配合2015年《機動戰士鋼彈第08MS小隊》藍光光碟紀念盒裝版發售，因此替宣傳贈品「溫泉入浴劑」繪製的畫稿。

**Creators Comment**

包含G世代在內，有段時期的SD體系都傾向採用擬真風格畫稿，不過近來或許可說是回歸原點，恢復採用可愛風格的畫稿。

2008年配合復刻版收藏卡而繪製的MEGA砲艇，以及2015年時為了「加油！SD鋼彈」繪製冒牌鋼彈和薩克Ⅱ。

## SD鋼彈傳奇大戰

這些畫稿是配合2015年發售的盒裝版收藏卡而繪製，屬於全新面貌的SD畫稿。這套收藏卡內含一般鋼彈世界、武者、騎士等諸多作品，亦收錄許多全新繪製的畫稿。一般鋼彈世界是以繪製現階段未曾推出商品，或是還沒有SD造型的鋼彈為主。

**鋼彈**

**全裝甲型獨角獸鋼彈**

**翔翼型攻擊鋼彈**

**能天使鋼彈**

**G-奧祕**

**G-自我**

# BANPRESTO 卡片

由BANPRESTO公司推出，可用來玩遊戲的卡片。畫稿內容是以1991年當時的最新動畫《機動戰士鋼彈F91》和《機動戰士鋼彈0083 STARDUST MEMORY》為題材製作。由於當初僅在局部地區試賣，因此產量非常稀少，就連畫稿本身也並非按照一般方式以筆刷上色的彩稿，而是用麥克筆上色的彩稿。

靈感草圖 | 寺島

與其說是繪製角色的卡片，不如稱為描繪動畫的一景來得貼切。雖然MS身上的細部結構表現傾向擬真風格，表現的情境卻相當搞笑，可說是保留了傳統SD鋼彈的氣氛。為了讓當時仍是新進人員的寺島老師有機會一顯身手，橫井老師特別委託他繪製這些構圖草稿。

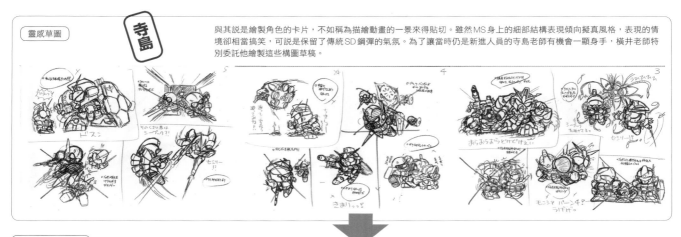

麥克筆上色畫稿

## 機動戰士鋼彈 0083 STARDUST MEMORY

1991年製作的鋼彈OVA。由於有許多以鋼彈vs.鋼彈為主題的視覺構圖，因此相當適合詮釋成SD鋼彈。這些畫稿是由橫井老師擔綱原畫，並由かげやま老師用麥克筆上色而成。

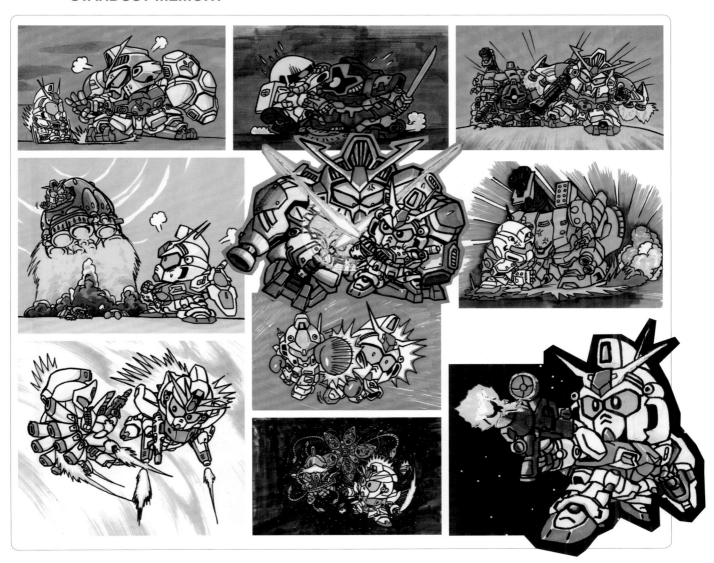

## 機動戰士鋼彈 F91

1991年上映的全新電影版動畫。由於這部新作是在SD鋼彈極受好評的時期上映，因此鋼彈F91在SD鋼彈作品中也有不少MS有機會擔任主角。

## PS 遊戲
## 「SD 鋼彈 GCENTURY」
## 包裝盒畫稿

於1997年發售的SD鋼彈戰略模擬動作遊戲。SD角色在這個遊戲中並非擁有自我意識的機器人，而是和原有鋼彈作品一樣，屬於須駕駛員搭乘駕駛的機體，且遊戲中還設有不少關卡，可重現動畫的名場面。由於是傾向擬真風格設定的遊戲，因此圖像是採用無輪廓線的形式來呈現。

原畫

鋼彈、Z鋼彈、ν鋼彈、GP03、飛翼鋼彈、X鋼彈等6架主角級鋼彈的畫稿。雖然在包裝盒上是以大集合構圖的方式來呈現，不過為了讓說明書的插圖等處能夠呈現單一機體，因此分別畫出這6架鋼彈的圖像。考量到之後會採用無輪廓線的筆刷彩繪方式完稿，橫井老師繪製這些原畫時也就將線條勾勒得比以往更為細膩。

PlayStation版的包裝盒設計。主角級鋼彈大集合是以往就很常見的構圖，不過沒有輪廓線的畫稿倒是很有新鮮感呢。

配色指示

SEGA SATURN版的包裝盒設計。相對於採用主角級鋼彈大集合構圖的PlayStation版，隔年發售的SEGA SATURN版則採用了勁敵MS大集合構圖。

夏亞專用薩克Ⅱ、吉翁克、THE-O、沙薩比、GP02、次代鋼彈、法薩可鋼彈等勁敵MS的畫稿。和主角級鋼彈一樣，為了便於使用在說明書等處，因而個別繪製成獨立的圖像。由於當時並未推出一般鋼彈世界的收藏卡，因此敵方鋼彈的SD畫稿其實相當罕見呢。

## PS 遊戲
## 「SD 鋼彈 GGENERATION」
## 包裝盒用架構草圖

1998年發售的SD鋼彈模擬戰略遊戲,能夠將MS以3D CG形式活躍於畫面中,這在當時可說是劃時代的創舉。雖然包裝盒畫稿是描繪成3D CG,不過基本構圖也是由橫井老師繪製。

**Creators Comment**

> 從最後採用3D CG呈現可知,當時力求摸索出不同於以往的繪製方式。

包裝盒設計

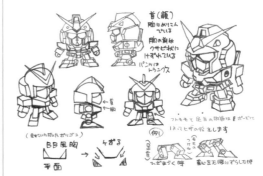

考量到最後會運用3D技術完稿,橫井老師自行構思出便於繪製成3D CG的基本架構。由於造型上早已設想到擺設動作的需求,因此對於日後的畫稿也造成影響。

構圖草案

由鋼彈、Z鋼彈、ν鋼彈、神鋼彈、飛翼鋼彈這5架組成的草案版本,以及進一步加入GP03、Ez-8這兩架機體的7機構圖版本。雖然最後採用中央上側的草圖繪製成包裝盒畫稿,不過其他草案其實也另外繪製3D CG圖稿,運用在海報和廣告等方面。

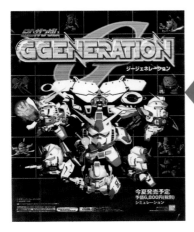

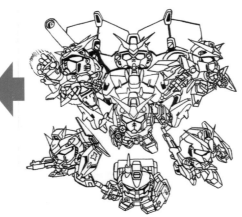

**廣告傳單**

這是將右下角構圖草案的內容稍做更動,最後完成的廣告傳單用視覺圖稿。不僅飛翼鋼彈零式EW版換成TV版的飛翼鋼彈,Z鋼彈和ν鋼彈的位置也互換了。

# No.2 宣傳畫稿
### KOJI YOKOI TECHNIQUE CATALOG

除了經手收藏卡和商品包裝盒用畫稿,其實亦擔綱繪製諸多宣傳畫稿和漫畫。尤其在1990年代中期,有許多新任創作家設計的作品問世,因此橫井老師有時並非是以設計師的身分參與製作,而是純粹為這類作品擔任插畫家。

## 元祖SD鋼彈 G變形部隊

元祖SD鋼彈自1995年起推出的系列。商品本身比以往更講究變形機能,幾乎無須替換組裝,就能從MS形態變形為機具形態。為了透過包裝盒畫稿和宣傳漫畫等媒介展現世界觀,因此請橫井老師擔綱繪製相關的視覺圖。

### 寂靜死神

**鳳凰神**

**強力重武裝**

### 包裝盒畫稿

由於這是著重於低價位＋機構,屬於回歸元祖SD鋼彈原點的企劃,因此亦邀請到橫井老師擔綱繪製畫稿。就連背景插圖也巧妙地藏著主要畫稿,可說是毫不浪費的構圖呢。

--- **Creators Comment** ---

只是純粹回歸原點不夠有意思,因此有別於以往的元祖系列,仿效初期BB戰士的包裝盒設計,在背景中加入美式漫畫風格的插圖。

2011年發售的「終極大戰2」揭曉了GARMS與G變形部隊的淵源。飛昇XX鋼彈是指揮官鋼彈過去隸屬G大地聯邦軍時的面貌,指揮官法薩可則是指揮官V2在《大搏鬥》之後來到G變形部隊世界時的全新面貌。

### 飛昇XX鋼彈

### 指揮官法薩可鋼彈

## SD鋼彈影子忍傳

1997年時以對戰玩具「硬幣大師」形式推出的SD鋼彈。這個系列的SD鋼彈是以忍者為藍本，備有可發射硬幣的各式機構。故事描述為了爭奪只要湊齊14枚即可喚醒終極絕招的硬幣，以自然力量為源頭的伊賀忍軍，還有以動物力量為源頭的甲賀忍軍，雙方爆發激烈的爭奪戰。

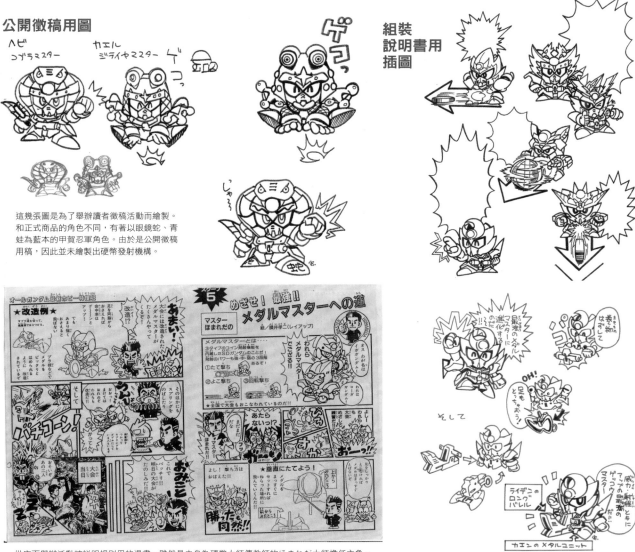

### 公開徵稿用圖

這幾張圖是為了舉辦讀者徵稿活動而繪製。和正式商品的角色不同，有著以眼鏡蛇、青蛙為藍本的甲賀忍軍角色。由於是公開徵稿用稿，因此並未繪製出硬幣發射機構。

### 組裝說明書用插圖

供店面舉辦活動時說明規則用的漫畫。雖然是由身為硬幣大師傳教師的ほまれだ大師擔任主角，不過內容純粹只是介紹玩法和改裝方式。這篇漫畫僅提供給舉辦相關活動的店家。

組裝說明書中講解玩法和替換組裝用的插圖。由於是對戰型玩具，因此亦利用插圖說明射擊和改裝方式等玩法。

## Check it!!

### 商品設計

由寺島老師為硬幣大師繪製的商品用設計圖。雖然寺島老師僅設計臉部和發射零件，不過為了繪製這張設計圖，也重新畫了伊賀鋼彈和甲賀鋼彈這兩款素體的透視圖。

伊賀

甲賀

# No.3 KOJI YOKOI TECHNIQUE CATALOG
# SD 捍衛戰記Ⅱ 鋼彈軍團

1992年推出的《SD捍衛戰記》第二作。整體概念從軍隊改為城市守衛隊，在設計上也變更為警察和消防隊等守護城鎮的組織。基礎設計是以橫井老師的草圖為藍本，交由大河廣行先生整合完稿。

### 隊長亞雷克斯 ＆消防重甲車

### 隊長鋼彈FF（自由鬥士）

融合隊長鋼彈與鋼裝甲戰機，重生後的嶄新面貌。為了對抗吉翁尼克聯盟，隊長鋼彈FF組織了鋼彈軍團並擔任指揮官，本身可變形為猛獅鬥士。

### 鋼利刃模式

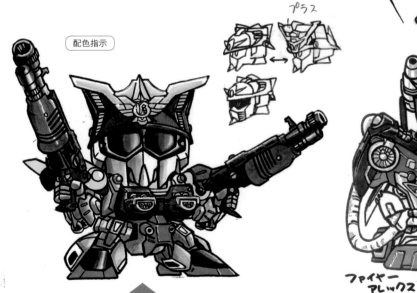

火焰改め

### 隊長 亞雷克斯

鋼彈軍團旗下消防部隊的隊長，可從救援形態鋼烈焰變形為戰鬥形態鋼利刃。相對於GARMS的變形機能，鋼彈軍團則是以變身為關鍵字設計而成。

プラス

配色指示

### 鋼烈焰模式

配色指示

ファイヤー
アレックス

### 鋼等離子模式

プラスコップ

### 隊長Z改

為鋼彈軍團旗下等離子部隊的領袖，能夠從交通警察形態鋼騎士強化變身為鋼等離子。雖然商品並未呈現這點，不過變身為鋼等離子時，亦構思思過機車也會一併變形的方案。

### 鋼騎士模式

設計案

にせF90　にせNT1　にせZZ　にせν　にせF91

### 冒牌鋼V

由冒牌鋼彈一路發展，甚至組成戰隊的角色群。冒牌ν的真面目是沙薩比，冒牌ZZ是薩克Ⅲ改，冒牌F91是迪南·宋，冒牌Mk-Ⅱ是迅捷薩克，至於冒牌F90則是茲沙變裝。

**Creators Comment**

這種玩法純粹是任憑個人喜好發揮。

## 血腥大人

配色指示

配色指示

配色指示

「エロー

ブリーン

レッド

ホワイト

ブルー

配色指示

ザクバーダイン　スケルトンザク

### 血腥船長

血腥大人是血腥薩克在「SD捍衛戰記Ⅱ」時的面貌。造型上是以大河老師的初期稿為基礎，加入髮型指示後設計而成。到了《SUPERGARMS》時期更進一步改變造型，以血腥船長的面貌登場。

### 獎金獵人古夫

吉翁尼克聯盟社長THE-O雇用的獎金獵人。設定為暗殺用改造人，內部構造圖解是由橫井老師繪製。內部骨架名為薩克博汀骨骼T800，很明顯地是參考某經典科幻電影而來。

設計草圖

### 宇宙海盜船血腥號

血腥大人成為宇宙海盜血腥船長時使用的太空船。2004年首播的《SD鋼彈FORCE》中，掃蕩薩克時所使用的戰艦「重火力姆塞」正是以這艘船為藍本，這點真是令人欣喜呢。

### 重火力姆塞

## LH破壞王

SD鋼彈中的搖滾樂團。原本是配合《電視雜誌》連載企劃創造出的角色群，後來納入《SD捍衛戰記II 鋼彈軍團》的故事中。起初沒有推出商品的打算，因此在角色造型上設計不少毛髮之類的生物特徵。在動畫中是以變裝過的「罰球經典曲」樂團名義登場。

## 多蓉妹妹

在破壞王中擔任主唱，是個充滿活力的隨興女孩。造型是以素有交情的菊池通隆老師筆下人物原案為基礎，名字也是源自菊池老師的工作室「STUDIO TRON」。

**Creators Comment**

這是在樂團風潮正盛時創造的角色，一下子就想到該怎麼設計這個人物呢。

## 重金屬鋼彈

在破壞王裡擔任主奏吉他手。故事中有著編入鋼彈軍團後，奉隊長鋼彈的密令，另以鋼暗影這個身分行動的設定。

配色指示

重金屬鋼彈因為追加身為鋼彈軍團一員的設定，因此能夠推出元祖SD鋼彈的商品，這可說是顯而易見的結果。不過竟然連火花鋼彈也能加入元祖的商品陣容，還真是意想不到呢。

## 火花鋼彈

破壞王中的貝斯手。相對於以鋼彈為造型藍本的重金屬鋼彈，他則是以Z鋼彈為設計基礎。貝斯也是有別於重金屬鋼彈的單頸吉他，而是選擇搭配雙頸貝斯。

配色指示　配色指示　配色指示

## MIDI鋼彈

在破壞王中擔任鍵盤手的SD鋼彈。不僅以ν鋼彈為造型基礎，設計上也融入電子音樂樂團的形象。鍵盤本身是以翼狀感應砲為藍本，能夠折疊起來並背在背後。

配色指示　配色指示

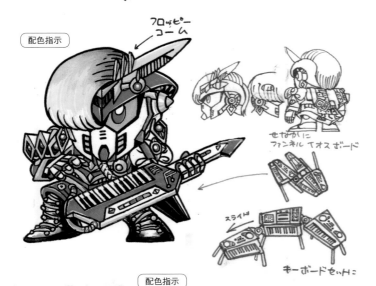

## 颶風鋼彈

在破壞王中擔任鼓手，是以ZZ鋼彈為造型藍本，融入相撲力士的「大銀杏」髮型、歌舞伎的化妝形式「隈取」等要素設計而成。由於是以鋼彈隊中的ZZ鋼彈為定位，因此當然也成了團隊中不可或缺的胖子角色。

配色指示　配色指示

# 1 SD 鋼彈外傳的設計

SD 鋼彈外傳系列至今也仍陸續有新作推出。橫井老師不僅設計了堪稱本系列原點的騎士鋼彈，時至今日依然經手主要角色的設計。在此要介紹關於《新 SD 鋼彈外傳》最後一作《鎧鬥神戰記》，以及僅在遊戲中登場的 Pipin 版等設計案。

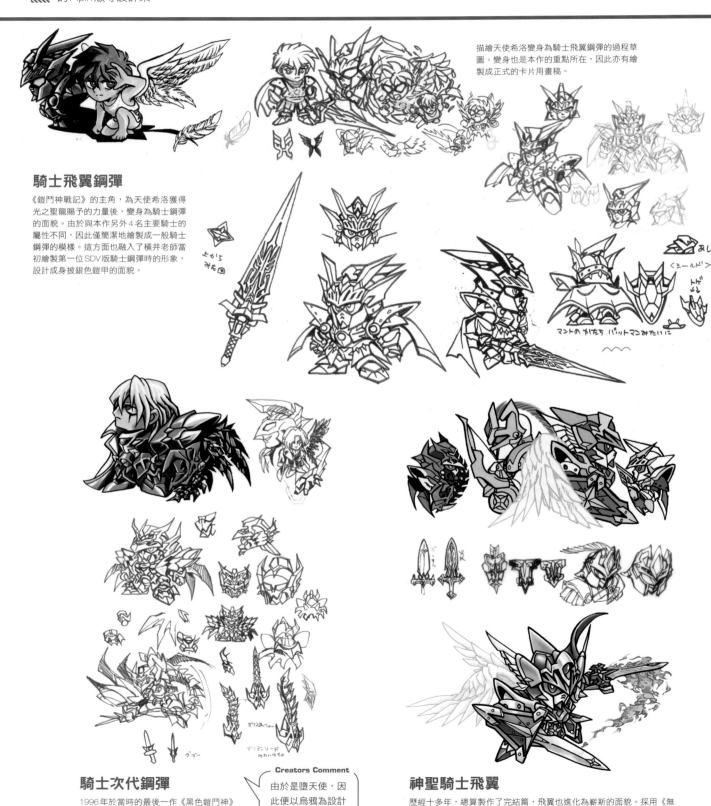

描繪天使希洛變身為騎士飛翼鋼彈的過程草圖。變身也是本作的重點所在，因此亦有繪製成正式的卡片用畫稿。

### 騎士飛翼鋼彈

《鎧鬥神戰記》的主角，為天使希洛獲得光之聖龍賜予的力量後，變身為騎士鋼彈的面貌。由於與本作另外 4 名主要騎士的屬性不同，因此僅簡潔地繪製成一般騎士鋼彈的模樣。這方面也融入了橫井老師當初繪製第一位 SDV 版騎士鋼彈時的形象，設計成身披銀色鎧甲的面貌。

### 騎士次代鋼彈

1996 年於當時的最後一作《黑色鎧鬥神》中登場，為希洛之兄米利亞爾身披次代鎧甲的面貌。

> **Creators Comment**
> 由於是墮天使，因此便以烏鴉為設計藍本。

### 神聖騎士飛翼

歷經十多年，總算製作了完結篇，飛翼也進化為嶄新的面貌。採用《無盡的華爾滋》版飛翼零式造型，搭配三神器，顯然出自打算給資深玩家一份驚喜的構思。

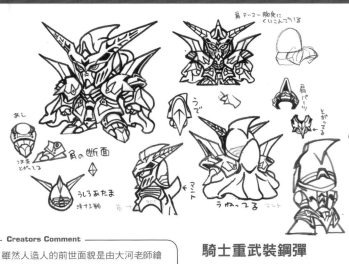

## 騎士死神鋼彈

騎士死神鋼彈是根據原為死神的騎士鋼彈這個概念設計。不僅以骷髏為藍本的護盾也能當作面具戴在臉上，設計上還添加龐大的披風，藉此凸顯死神的風格。

**Creators Comment**

雖然人造人的前世面貌是由大河老師繪製，不過這階段並未刻意比照設計，而是下意識地就畫出了該造型。

## 騎士重武裝鋼彈

故事設定中原為人造人的騎士鋼彈。
鑽頭狀的佩劍可和護盾合體，此機能正是特徵所在。

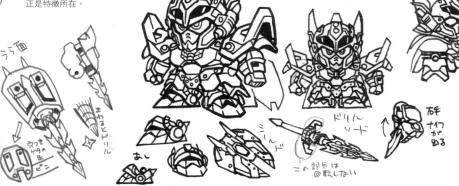

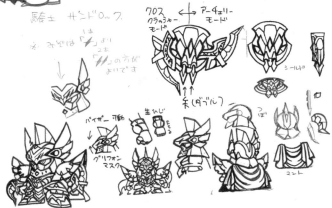

## 騎士沙漠鋼彈

原為魔神的騎士鋼彈。除了和造型藍本一樣，護盾和佩劍能組合成熔斷鉗之外，亦可改變佩劍裝設方式變成弓箭模式。從試作品來看，造型上顯然也有經過修正並追加細部設計。

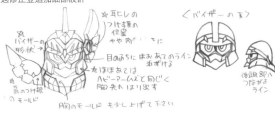

## 騎士神龍鋼彈

故事設定中是原為召喚龍的騎士鋼彈，具有可替換組合裝備呈現龍形態的機構。由於當時騎士已經好一陣子沒推出元祖商品，因此供玩具用的整合設計也是由橫井老師親自擔綱。

## SD 鋼彈外傳 Pipin

1997 年發售的卡片對戰遊戲，遊戲主機為與麥金塔共通的遊戲機／多媒體播放機平台「Pippin atmark」。不僅包含《吉翁萬歲篇》、《黃金神話》、《鎧鬥神戰記》的卡片之外，這款遊戲的原創角色亦以卡片形式加入其中。

### 亞瑟鋼彈與諾森

Pipin 版原創的角色，為負責守護塔比托城的騎士「亞瑟鋼彈」，以及他的隨從「諾森」。由於是以卡片對戰遊戲用的卡片形式登場，因此在角色設定等細節方面並未定案，不過 2008 年為了發售復刻版收藏卡而繪製卡片時，一併發表亞瑟鋼彈不僅是國王鋼彈 I 世的弟弟，亦是前代圓桌騎士一員的設定。

**Creators Comment**

畢竟是主角，當然是先以設計得威風帥氣為目標囉。

草稿圖面 & 動作草稿

設計草案

設計草案

かげやま

### 解放鋼彈

雖然解放鋼彈原本是配合放在最後登場，定位為天神的最強角色的概念設計而成，不過他其實並未在遊戲裡登場。考量到亞瑟鋼彈後來也有在外傳的故事主篇裡出現，那麼解放鋼彈今後或許也有機會在外傳裡登場吧……。Pipin 畫稿中有一部分是由今石老師和かげやま老師繪製。

かげやま

## 帝王攀升凱撒

與亞瑟鋼彈交戰的大魔王角色。由於筆記中只寫了名稱和武裝而已，因此是由橫井老師自行選擇造型藍本設計，之後還連同其他敵方幹部的造型一併調整，使這號角色更具大魔王的氣息。

**Creators Comment**

既然是大魔王，便以吉翁克為藍本，並且加上很多尖角，設計成看起來就很強的模樣。

造型藍本出自單眼系、骷髏尖兵系、贊斯卡爾系等各式敵方MS，種類可說是相當豐富。名稱典故則是源自賽馬的名字。

設計草案

帝王

草稿圖面

畫稿

**魯道夫大公**

**C.B. 伯爵**

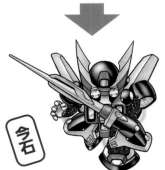

今石

**睿智總統**

今石

**裁風將軍**

# 武者頑駄無的設計

雖然橫井老師自《武者七人眾篇》起就不再經手武者的主要設計，不過2001年推出的《武者〇傳》、2004年推出的《武者烈傳》，都是由橫井老師擔綱主要設計。這兩部以創造全新武者為目標的作品，究竟有著哪些嶄新的武者樣貌登場呢？

## SD頑駄無 武者〇傳

自2001年起推出的武者頑駄無新系列，一共製作三部曲。描述隨著武者頑駄無與現代的少年相識，友情與實力都一同獲得成長的故事。製作目標是創造出與以往截然不同的武者，故事本身由SUNRISE編撰，角色造型方面則是以橫井老師為中心，加上今石老師、寺島老師，由此黃金陣容負責設計。

### 企劃構想

這份設計案出自橫井老師之手，繪製出以武小丸為中心的3人團隊。第2名武者採用都會派風格，造型藍本為Z鋼彈；至於第3名武者則是以桃太郎為藍本。

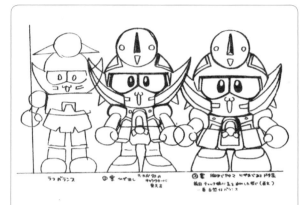

活動用布偶裝的圖面。基於工作人員穿戴時的重量問題，因此設計2種形式的造型方案。

本系列比以往更著重角色的個性，因此亦提出了各種表情的構想。

**武小丸**

**機動烤章魚丸子機**

**彈頑模式**

**武者丸**

武者丸的定案稿。因為是來到大阪的武者，因此設定成武小丸穿戴作為鎧甲的烤章魚丸子機後，才會恢復名為武者丸的真正樣貌。雖然在初期設計案中僅以逆A鋼彈為造型藍本，不過在改良設計的過程中逐步加入初代鋼彈要素，最後完成具有雙重造型藍本的設計案。

## 小進＆慎也

這個設計案是成為武者丸搭檔的大阪少年小進，
以及成為斗機丸搭檔的東京少年慎也。在初期構
想中，橫井老師亦有提出人物設計案。

## 武王頑駄無

武者丸強化後的面貌，造型藍本為Hi-ν鋼彈和逆X。有別於
之前的機動烤章魚丸子機，武小丸覺醒後，只要和白鋼牛
「小武」合體，即可成為武王頑駄無。雖然商品本身沿用一
部分武者丸的零件，卻也重現了主體武小丸獲得些許強化的
造型。

### 武小丸（迷你覺醒狀態）

### 白鋼牛形態

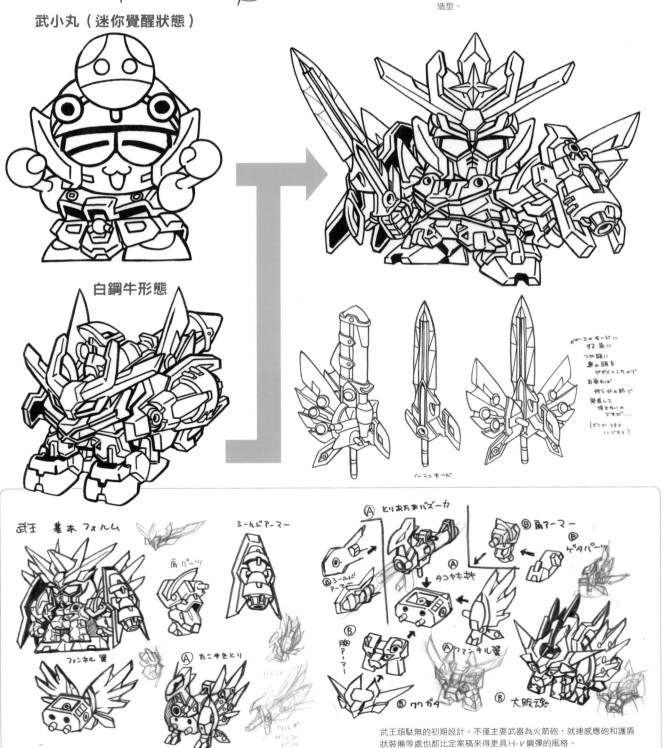

武王頑駄無的初期設計。不僅主要武器為火箭砲，就連感應砲和護盾
狀裝備等處也都比定案稿來得更具Hi-ν鋼彈的風格。

與武者丸同為夢者游擊隊成員，在現代日本以刑警身分大顯身手的鐵機武者。在構思設定的過程中想出了滑板車搭配自行車安全帽、背著背包的鋼彈等關鍵字，最後也都整合進造型設計當中。

**Creators Comment**
採用雙重造型藍本是在設計過程中才決定，因此只有斗機丸是單獨以Z鋼彈為造型藍本。

強化後的NEO阿斗，是以百式為藍本，與穿波機合體後，則是變成以神鋼彈為藍本的機王頑駄無。

**Creators Comment**
造型設計成最上太陽眼鏡後會更像是百式的模樣。

NEO阿斗

阿斗

斗機丸零參

機王頑駄無

設計原案

今石

刕王頑駄無
紅零斗丸強化後的面貌。根據橫井老師以托爾吉斯III為造型藍本、加入騎士鋼彈要素的概念，由當初設計了紅零斗丸的今石老師接手完成這份設計原案。

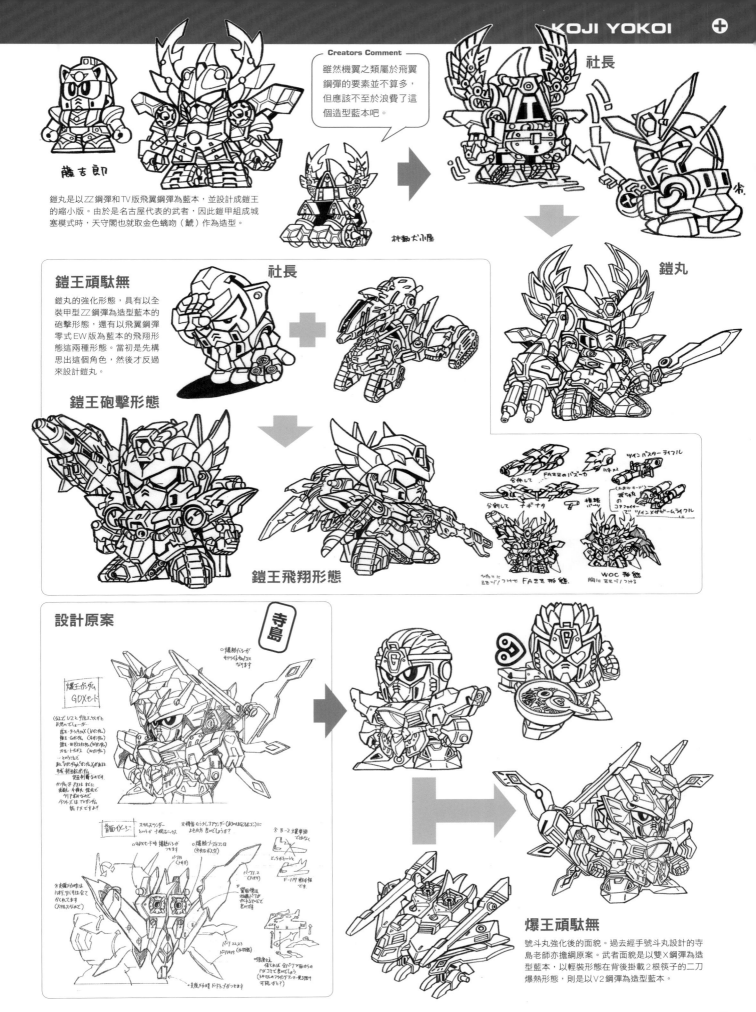

藤吉郎

鎧丸是以ZZ鋼彈和TV版飛翼鋼彈為藍本,並設計成鎧王的縮小版。由於是名古屋代表的武者,因此鎧甲組成城塞模式時,天守閣也就取金色螭吻(鯱)作為造型。

**Creators Comment**

雖然機翼之類屬於飛翼鋼彈的要素並不算多,但應該不至於浪費了這個造型藍本吧。

社長

林動犬小屋

## 鎧王頑駄無

鎧丸的強化形態,具有以全裝甲型ZZ鋼彈為造型藍本的砲擊形態,還有以飛翼鋼彈零式EW版為藍本的飛翔形態這兩種形態。當初是先構思出這個角色,然後才反過來設計鎧丸。

社長

鎧丸

## 鎧王砲擊形態

## 鎧王飛翔形態

## 設計原案

寺島

## 爆王頑駄無

號斗丸強化後的面貌。過去經手號斗丸設計的寺島老師亦擔綱原案。武者面貌是以雙X鋼彈為造型藍本,以輕裝形態在背後掛載2根筷子的二刀爆熱形態,則是以V2鋼彈為造型藍本。

## 墮惡闇軍團

武者丸等人對抗的邪惡武者軍團,為了奪取龐大能量而在現代日本胡作非為。旗下成員和武者丸等人一樣,來自名為天宮的武者國度,也都是過去曾在《SD戰國傳》系列中登場的武者,亦是以強化後的面貌現身。

### 企劃構想

這是為了企劃比稿而繪製的武者丸敵方陣營構想圖。以陰陽師為藍本的頑馱無,能夠將肩部處的符咒設置在目標上並操控對方。這個角色不僅能操控BB戰士,就連MG版套件也能使喚自如,顯然是個很厲害的敵人。

### 墮惡紅零斗丸

這是紅零斗丸被墮惡闇軍團俘虜後,成為墮惡武者的模樣。由於刕王頑馱無是以托爾吉斯Ⅲ為造型藍本,這個面貌是其前身,因此選擇以次代鋼彈作為造型藍本。

> **Creators Comment**
> 設計時,也考量到要能夠利用刕王頑馱無、一般版次代鋼彈、魂武者鬥刃丸的零件改造出近似的造型。

> **Creators Comment**
> 希望能經由改造既有的BB戰士套件來做出這些角色,所以造型上並未更動太多。

### 墮惡殺驅三兄弟

從天宮來到現代日本的墮惡武者中,特別採用變更局部造型以象徵強化的設計來呈現。墮惡武者的特徵在於全身各處追加管線,也就是以改造人為設計概念。

**墮惡紅陰慢查**

闇軍團成員紅陰慢查變成墮惡武者後的面貌。初期敵方角色是以翻新既有角色的造型作為設計主旨。

Creators Comment
雖然將管線等基本造型畫得較內斂些，不過作為造型藍本的武者原本就沒有發售套件，因此設計時就沒有考量到方便改造之類的條件了。

詮釋成墮惡武者版的我頭右、我頭左，以及全新設計的墮惡目裏栗白、墮惡罵威銳斗。這兩組角色都是以二重唱歌手為藍本。

歌墮惡卑禍R、歌墮惡卑禍α這組墮惡武者，是根據明顯諧帶雙關的命名設計而成。後來這種雙關語的命名也愈來愈多了。

## Check it!!

### 讀者徵稿企劃

這類角色原為BOMBOM漫畫月刊上讀者徵稿企劃的得獎作品，後來交由橫井老師重新設計。考量還需要製作可供在HOBBY SHOW展出的立體模型，因此設計得相當細膩。在此除了刊載由橫井老師重新設計的角色之外，亦會一併介紹由今石老師、寺島老師重新設計過的得獎作品。

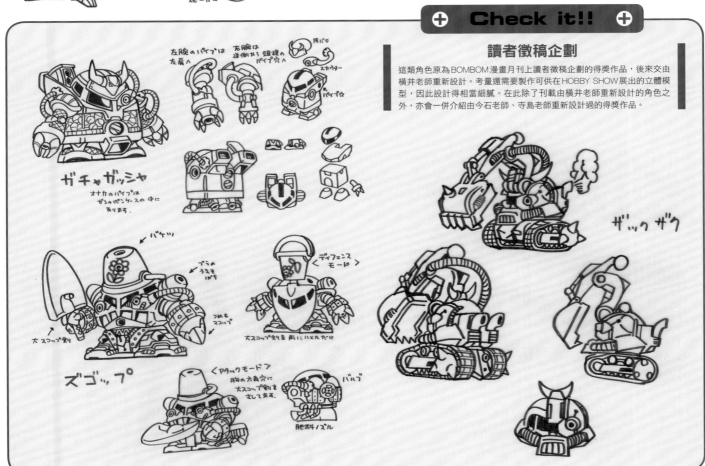

## SD 鋼彈 FORCE 繪卷
## 武者烈傳 武化舞可篇

繼《武者〇傳》之後，於 2004 年推出的武者系列。登場角色除了以武者七人眾為藍本的角色之餘，故事本身更是以這些武者的孩子為主角。作為前傳的《武者烈傳・零》在當時也同步展開連載。身為主角的少年武者是由橫井老師設計，父親輩武者則是由今石老師擔綱設計。為了與當時播映的「SD 鋼彈 FORCE」建立起關聯，因此各武者身體上都設有名為頑玉的半球體寶珠。

### 設計原案

根據兒童武者的概念而展開設計，有著前所未有的嶄新體型的少年武者群。上臂和大腿均設計成圓柱狀，具體表現出與大人之間的差異。這種體型是從本作之前的《SD 鋼彈 FORCE》角色「元氣丸」發展而來。

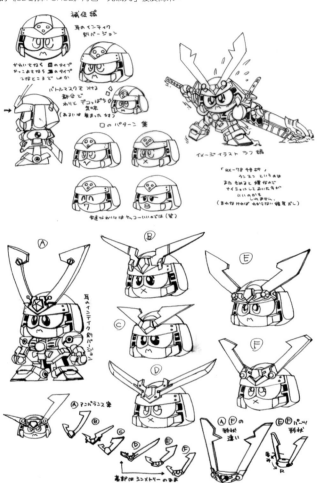

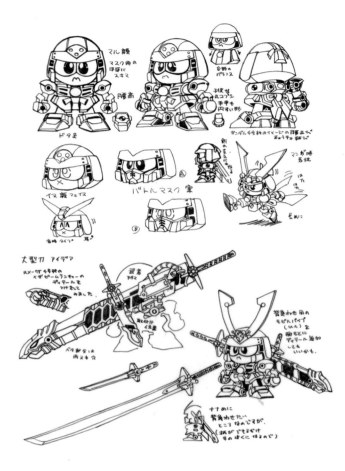

### 少年武者烈丸

《武化舞可篇》的主角，亦是烈火武者頑馱無的兒子。造型藍本為鋼彈 5 號機，配備了烈火武者的武器，也就是武化舞可之號刀。取下面罩時的嘴巴和眼神等部分皆構思諸多表情方案。最後的商品造型方案是由寺島老師整合設計。

## ✚ Check it!! ✚

### 烈弩頑馱無

作為《武化舞可篇》發展至第二年度的構想，設計了烈丸獲得強化後的面貌。商品本身也是設計成烈丸穿上新鎧甲的形式，造型藍本則是參照紅戰士。

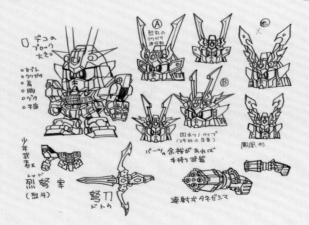

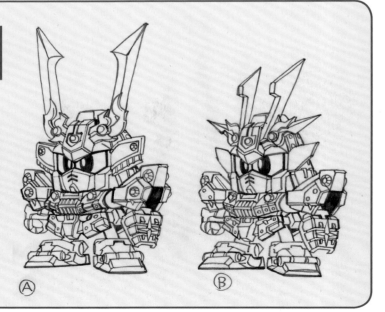

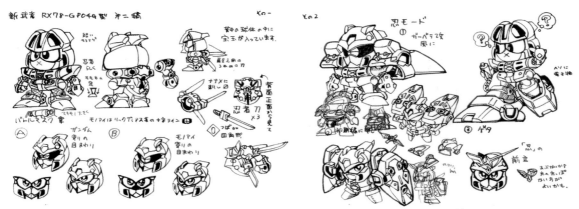

**少年武者隱丸** 以鋼彈GP04為造型藍本的忍者角色。這個角色繼承原本是隱密忍者農丸持有的武化舞可之俊腳，戴上忍者面罩後，可呈現以卡貝拉·迪特拉改為造型藍本的忍者模式，更仿效GP04的3具增裝燃料槽，可將3柄佩刀裝設在背後。

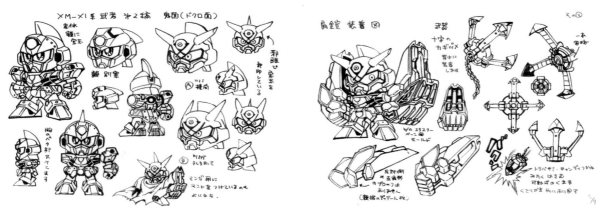

**鬼面武者淒丸** 造型藍本為骷髏鋼彈《X1，設計上將年齡比烈丸等人略長一些納入考量，故事設定中為敵方組織邪惡武者軍團旗下四神將之一逆伐的兒子。逆伐本來還配備了奪取自摩亞屈的武化舞可之鐵肩，至於淒丸則是以背後有著看起來像是推進器的巨大鉤爪為特徵。

## ✛ Check it!! ✛

### 荒烈驅主大將軍

這些角色是供2012年發售的收藏卡《SD鋼彈終極大戰3》繪製而成。作為在武者烈傳後續故事中登場的角色——成為烈駑的烈丸、成為荒刃忍者的隱丸，以及成為第2代銳驅主的淒丸，這三人能夠合體成全新的大將軍。變形機構是以武者○傳中登場的鳳凰似帝大將軍為基礎，這部分是由橫井老師設計，並請寺島老師擔綱畫稿原畫的完稿作業。

**武者烈駑頑駄無** **第2代武者銳驅主**

**荒刃忍者隱頑駄無**

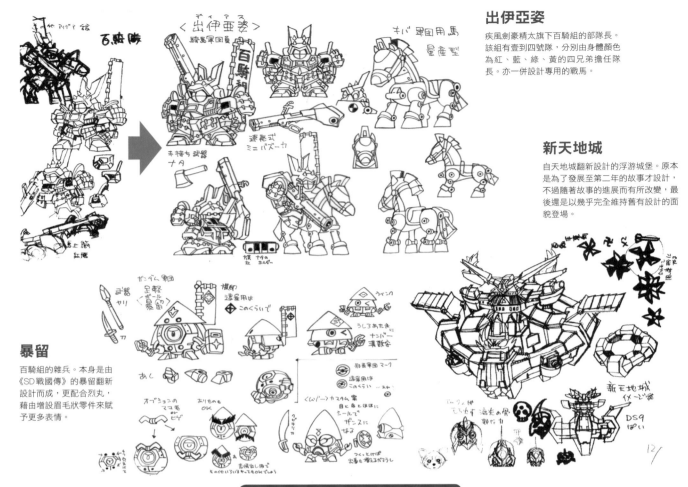

### 出伊亞姿

疾風劍豪精太旗下百騎組的部隊長。該組有壹至四號隊，分別由身體顏色為紅、藍、綠、黃的四兄弟擔任隊長。亦一併設計專用的戰馬。

### 新天地城

自天地城翻新設計的浮游城堡。原本是為了發展至第二年的故事才設計，不過隨著故事的進展而有所改變，最後還是以幾乎完全維持舊有設計的面貌登場。

### 暴留

百騎組的雜兵。本身是由《SD戰國傳》的暴留翻新設計而成，更配合烈丸，藉由增設眉毛狀零件來賦予更多表情。

## ✛ Check it!! ✛

### 四格漫畫

首批出貨的包裝盒的下蓋盒底面印製有4格漫畫，附帶提供故事主篇未提到的武者烈傳小常識，也就是知識淵博大將軍單元等內容。這個企劃用意在於介紹SD鋼彈不僅有帥氣的一面，亦包含許多很有意思的設定。在這裡登場的劣丸其實是由烈丸變裝，因此配合造型源頭的鋼彈4號機，採用了藍色系配色。

少年武者烈丸用 草稿　　烈火武者頑駄無用 草稿　　少年武者烈丸用 4格漫畫　　烈火武者頑駄無用 4格漫畫

武者烈傳的初期企劃用設計案。這是少年武者還打算以《鋼彈SEED》系機體作為造型藍本時的構想，日後發展為嵐丸，不過此階段還是以神盾鋼彈為藍本的少年武者也一併繪製了手下。這類角色除了以《SEED》系機體為典故，亦有採用《逆A鋼彈》機體作為藍本的武者。

敵方的設計案。上方是原本預定在最後決戰中登場的巴克，下方為逆伐的3名部下，也就是三軍鬼的初期設計案。三軍鬼在設計上和逆伐一樣，身上穿的鎧甲都是以其他機體為造型藍本，分別根據比基納·基娜、蓋布蘭，以及茲寇克等機型。

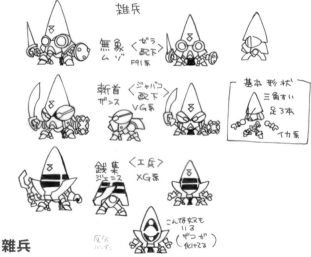

## 雜兵

邪惡武者軍團的雜兵，為逆伐以外其他四神將的部下。配合勢羅、邪龍呼、鈴程呼這3名四神將的造型藍本，分別採用了骷髏尖兵系、贊斯卡爾系、宇宙革命軍系的設計。

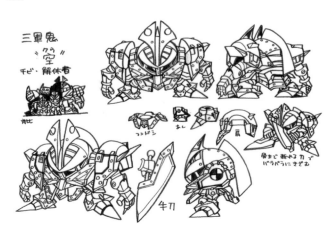

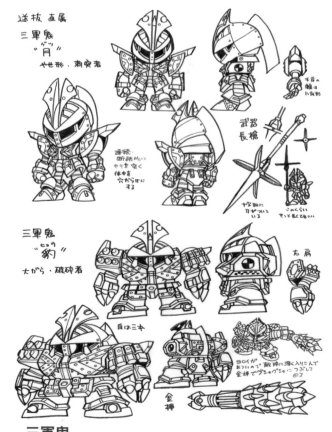

## 三軍鬼

直屬於邪惡武者軍團旗下四神將之一逆伐的部下。從逆伐是以逆X為造型藍本這點，為了與「X」建立起關聯性，於是分別選用X鋼彈、空霸鋼彈、豹式鋼彈作為造型藍本，並亦以逆伐的騎士鎧甲風格為準，將三軍鬼的造型也統一比照騎士鎧甲風格來設計。

# SD 鋼彈 FORCE

2004 年於電視上播出的全 3D CG 動畫作品。是一部以武者、騎士、指揮官這三大 SD 鋼彈世界為藍本，描繪全新世界觀的作品。橫井老師負責設計的，正是在故事後半登場的武者之子，亦即元氣丸。

## 元氣丸

故事後半的關鍵角色。為敵方大將騎馬王丸的兒子，亦是未來成為大將軍的少年。當上大將軍時的面貌早已在故事前半登場，同樣是由橫井老師擔綱設計。由於大將軍是以神鋼彈為造型藍本，因此橫井老師在設計元氣丸時，也是拿神鋼彈作為典故。

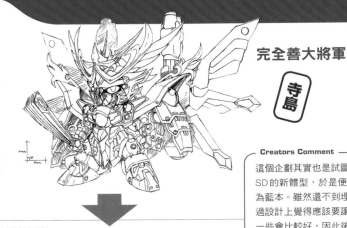

**完全善大將軍**

寺島

**Creators Comment**

這個企劃其實也是試圖摸索出能接棒傳統 SD 的新體型，於是便以當時設計的造型為藍本。雖然還不到埋頭苦思的程度，不過設計上覺得應該要讓造型更貼近神鋼彈一些會比較好，因此後來又設計了好幾種頭盔。

### 設計草案
這是元氣丸的設計草案。設計時是以神鋼彈為造型藍本，並且結合金太郎這個題材而成。

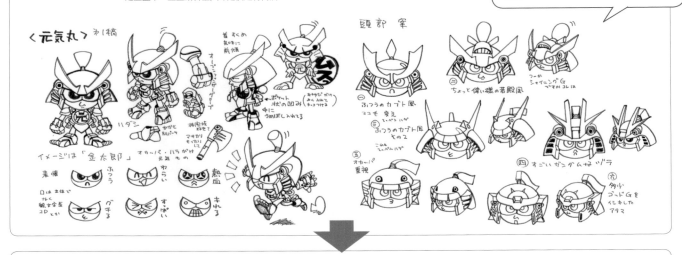

### 2D 定案稿 & 3D 定案稿
由於提出希望能有取下頭盔時的模樣，接著又追加設計了輕裝形態，不過角色本身的造型其實在第一階段稿件就獲得採用，於是也拿來作為 2D 的定案稿。考量到這是一部 3D 作品，因此還根據這份設定圖稿，繪製出 3D 數位模型為定案稿。

# 桧山智幸
## TOMOYUKI HIYAMA

為打從SD鋼彈初期就從旁協助橫井老師繪製了諸多SD角色的設計師。其中亦包含設定以騎士鋼彈為基礎的史達・德亞世界，進而奠定《SD鋼彈外傳》的世界觀，對於一路發展至今的SD鋼彈有著莫大影響。

# SD 鋼彈外傳的誕生

收藏卡的第一個原創系列作品，正是為 SD 鋼彈加入 RPG 要素而建構出世界觀的企劃——SD 鋼彈外傳。這部作品究竟是在何等經緯下誕生的呢？

收藏卡設計提案

## 勒克羅亞的勇者

《SD 鋼彈外傳》的首作。以具有強烈奇幻色彩的 RPG 為故事藍本，採用橫井老師在《SDV》系列發表的騎士鋼彈為主角，衍生發展出獨有的世界觀。在企劃負責人伴內弁太先生的委託下，桧山老師以前述的騎士鋼彈為中心，設計出鋼加農、鋼坦克、阿姆羅等團隊成員，以及作為敵方角色的各式怪物。

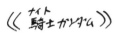

轉蛋戰士用設計

### 騎士鋼彈

以橫井老師繪製的騎士鋼彈為基礎，桧山老師進一步詮釋成更具英雄氣概、尖角部位較長，且配色方面加入些許藍色調的騎士鋼彈。為了便於理解在卡片上會呈現什麼模樣，桧山老師經由影印、翻拍製作出這張示意卡片。實際卡片畫稿正是以桧山老師這張樣本中的動作架勢為基礎，交由橫井老師重新完稿。

供軟膠玩偶用而繪製的設定圖稿。由於卡片畫稿需要擺出動作架勢，因此又另行繪製了供立體商品用的設定圖稿。

為了進一步發展世界觀，於是安排吉姆擔任村民這類配角。與寵物球艇在命名上都帶有幾分致敬搞笑的味道。

既然是 RPG 世界，那麼肯定少不了魔法，於是便列出這份咒文一覽表。雖然這份筆記起初只是配合漫畫連載才整理出來，不過亦充分應用到日後發售的電玩遊戲中。

世界觀筆記。桧山老師起初是以太空殖民地的各 SIDE 為藍本，構思遊歷七大世界的故事。不過自第 5 作起便改為新的故事，因此地名只有一路引用到 SIDE 4 為止。

## 哥布林薩克

### 史萊姆阿薩姆

桧山老師最初設計的怪物。

設計草案

除了騎士鋼彈之外，亦需要其他的鋼彈，因此桧山老師構思出君主鋼彈，以及戰士型的鋼彈。雖然後來並未採用這兩個鋼彈型的角色，不過同時繪製的飛馬倒是以「天馬白色基地」為名，在故事中登場。

設計草案

## 撒旦鋼彈 & 黑龍

以公開徵稿獲選的黑龍為基礎，追加作為前身的撒旦鋼彈後，交由橫井老師整合兩者的設計。而後桧山老師也以此為基礎，繪製出動作草圖，接著由橫井老師完稿。由於初期外傳是由桧山老師和橫井老師設計，因此有不少這種如同傳接球般的作業模式。

動作指示

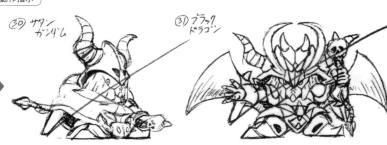

### 傳說中的三神器

等各角色的設計告一段落，最後就是設計這類道具卡片。

## ✚ **Check it!!** ✚

### 轉蛋戰士用設計

軟膠玩偶用的設定圖稿。由於卡片畫稿已經相當容易掌握擺出動作時的模樣，因此撒旦鋼彈只有未持魔法杖的正面造型。撒旦鋼彈的背面、黑龍均為全新繪製的圖稿。後來考量到愈來愈多原型師參與製作，也就改成以更易於理解的三視圖為主。

## 傳說中的巨人

繼《勒克羅亞的勇者》之後的《SD鋼彈外傳》第2作。內容為騎士鋼彈踏上沙漠之旅，對抗新敵人的故事。相對於以RPG為藍本的前作，這部分則是以冒險遊戲書為基礎，也就是翻閱的頁面會隨著讀者做出不同選擇，故事也會隨之發生相對應事件的架構。

**全裝甲型騎士鋼彈**

**戰士鋼加農**

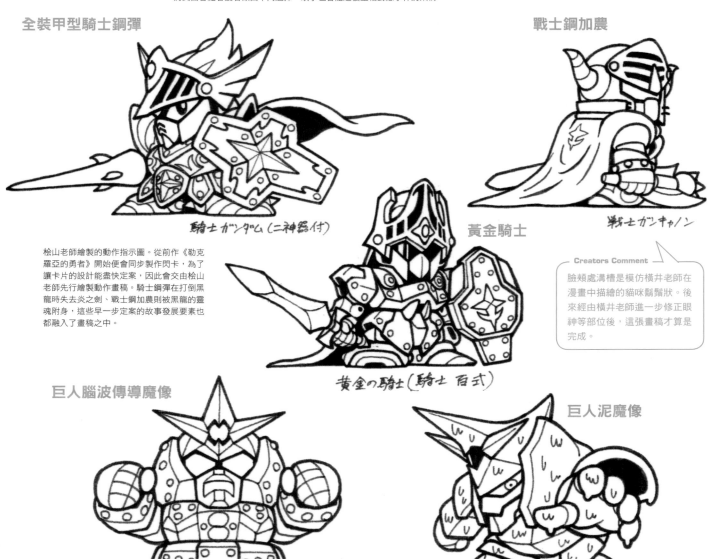

騎士ガンダム（二神器付）

桧山老師繪製的動作指示圖。從前作《勒克羅亞的勇者》開始便會同步製作閃卡，為了讓卡片的設計能盡快定案，因此會交由桧山老師先行繪製動作畫稿。騎士鋼彈在打倒黑龍時失去炎之劍，戰士鋼加農則被黑龍的靈魂附身，這些早一步定案的故事發展要素也都融入了畫稿之中。

**黃金騎士**

戰士ガンキャノン

**Creators Comment**

臉頰處溝槽是模仿橫井老師在漫畫中描繪的貓咪鬍鬚狀。後來經由橫井老師進一步修正眼神等部位後，這張畫稿才算是完成。

黃金の騎士（騎士 百式）

**巨人腦波傳導魔像**

**巨人泥魔像**

サイコゴーレム

マッドゴーレム

## Check it!!

### 角色形象資料

這份筆記中記錄了《勒克羅亞的勇者》和《傳說中的巨人》登場角色的年齡和身高等外形資料。由於相關故事也會在漫畫、動畫、電玩等卡片以外的媒介推出，因此才有這份資料表，讓各方製作成員都能對角色形象一目瞭然。

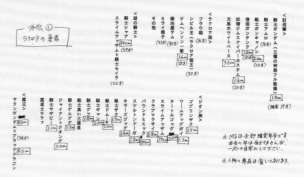

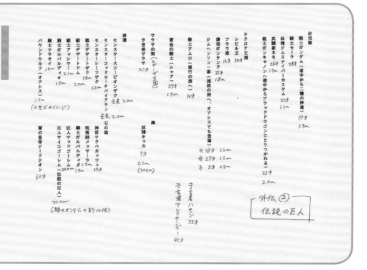

圖稿原書

僧侶鋼坦克

僧侶ガンタンク.

妖精吉姆狙擊特裝型

妖精ジムスナイパー カスタム

主要角色的設計是由橫井老師負責，
構思相關隊伍成員並建構世界觀的人
則是桧山老師。配角不僅有帥氣型角
色，亦著重在使故事更有意思，因此
畫出各式各樣的配角，這可說是推動
世界觀不斷發展的關鍵性要素呢。

武鬥家尼摩

武闘家ネモ.

流浪的吉姆・韓森一家

流浪のジムヘンソン一家.

《傳說中的巨人》的部分企劃書，當中整合了只要將卡片收集齊全就能解開謎團的要素。這一頁不僅介紹了隊伍成員，亦說明戰士鋼加農的祕密。

講解《傳說中的巨人》故事發展流程的企劃書頁面。看了這份流程圖，就能了解本作品是以冒險遊戲書作為架構。

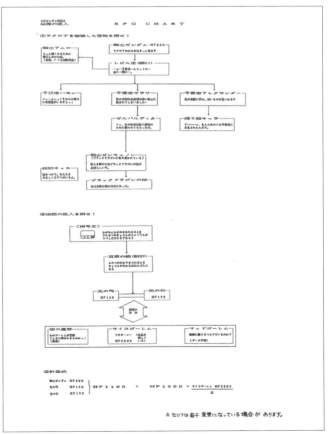

## 亞魯加斯騎士團

《SD鋼彈外傳》的第3作。以模擬戰略遊戲為藍本，仿效軍團彼此交戰從而設計出整個故事。自本作起就增加了閃卡的種類，因此也安排多架鋼彈角色登場。考量到這點，故事也就編撰成騎士阿姆羅在修行過程中的諸多經歷，也構成騎士鋼彈並未登場的另類章節。

### 亞魯加斯騎士團騎馬隊
### 劍士 Re-GZ
### 劍士吉姆狙擊型 II
### 劍士吉姆突擊型

既然是由劍士Z擔任隊長的騎馬隊，自然也就選擇形象較為苗條的MS作為成員。實力僅次於鋼彈的Re-GZ擔任副隊長，再來是屬於特裝機的吉姆狙擊型II，量產型的吉姆突擊型則是基層士兵，隊伍架構大致上便是如此設想出來的。

### 亞魯加斯騎士團戰士隊
### 戰士里克迪亞斯
### 戰士鋼加農 II
### 戰士傑鋼

既然是由鬥士ZZ擔任隊長的戰士隊，自然也就選擇重量級的MS擔任成員。曾是夏亞座機、給人強悍印象的里克迪亞斯擔任副隊長，再加上鋼加農II和傑鋼來組成戰士隊。

### 亞魯加斯騎士團法術隊
### 僧侶梅塔斯
### 僧侶鋼坦克 II
### 修行僧吉姆加農

由法術士ν率領的法術隊，選擇了支援系MS作為成員。身為女主角座機的梅塔斯擔任副隊長，加上後方支援機的吉姆加農、鋼坦克II作為隊員。亞魯加斯騎士團可說是比照少數精銳部隊的形象規劃而成。

### 諾亞地區的馬匹

其實桧山老師並不擅長繪製馬匹。雖然之前的馬匹都是由橫井老師負責設計，不過亞魯加斯會有許多種馬匹登場，因此桧山老師也負責設計其中一部分。

> **Creators Comment**
> 這份草稿只是要表現設計的方向，因此頭身比例尚未經過整合。

騎馬 グレイ・ファントム　　騎馬 ムサイ

> 設計草案

横井

> 設計草案

劍士 Re-GZ

劍士吉姆狙擊型 II

劍士吉姆突擊型

戰士里克迪亞斯

戰士鋼加農 II

戰士傑鋼

僧侶梅塔斯

僧侶鋼坦克 II

修行僧吉姆加農

> 收藏卡設計案

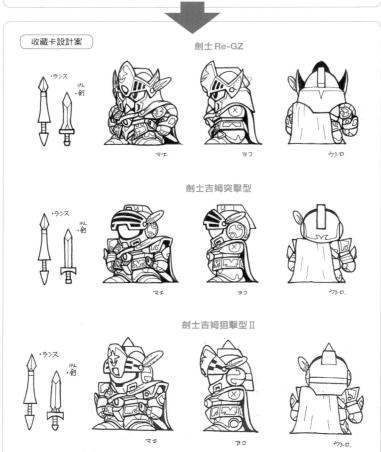

劍士 Re-GZ

・ランス　・けん・劍

マエ　　ヨコ　　ウシロ

劍士吉姆突擊型

・ランス　・けん・劍

マエ　　ヨコ　　ウシロ

劍士吉姆狙擊型 II

・ランス　・けん・劍

マエ　　ヨコ　　ウシロ

# 吉翁三魔團

以具備壓倒性力量的軍團長為藍本,設計出三魔團頭目。除了騎士巴烏以外,另外2名角色都是由桧山老師擔綱設計。由於穆佐帝國給人的印象就是可當棄子使喚的部下多不勝數,因此雖然卡片的種類比亞魯加斯王國少,卻也力求塑造出數量上遠勝於對方的形象。這個時期的外傳不只是卡片畫稿,就連軟膠玩偶用設計也都是由桧山老師負責。

設計草案

咒術士丘貝雷　　怪物 梅杜莎丘貝雷　　門士德萊森

草稿圖面

設計草案

《龍の盾》　　《壽の杖》　　《獅子の斧》

## 亞魯加斯的三神器

以「三者彼此制衡」為關鍵字的亞魯加斯騎士團,擁有3種重要的道具。由於屬性彼此相剋,也就成為如何打敗敵人的重點所在。

外傳③ アルガス騎士団

轉蛋戰士用三視圖設計

《騎士ドライセン》
・劍 ・龍の盾

《呪術士キュベレイ》
・獅子の斧

《モンスター メデューサキュベレイ》

---

# Check it!!

## 《亞魯加斯騎士團》的部分企劃書

亞魯加斯王國、穆佐帝國的軍團表,以及克敵攻略表。企劃書中明確寫出,與三魔團頭目交戰時要由各隊的隊長與副隊長合作行動,最後與THE-O但丁決戰時,藉由亞魯加斯三神器強化力量的各隊長,則是要與騎士阿姆羅合作才能克敵致勝。這些內容是伴內弁太先生開會討論後整理出來的。

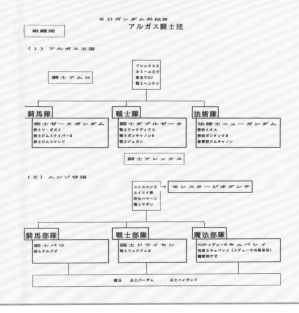

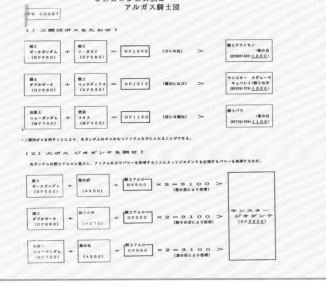

## 光之騎士

《SD鋼彈外傳》的第4作，架構為打倒頭目角色後即可邁入下一個關卡的動作遊戲，因此設計成必須前往敵方的根據地迪坦魔塔，設法打到在最高層等候勇者到來的大魔王吉翁萬歲的劇情。比起冒險、解謎等要素，這次是往盡可能更多角色登場的方向來設計整體架構。

初期設計

卡片畫稿

## 闇之皇帝吉翁萬歲

利用魔王撒旦鋼彈、傳說中的巨人、穆佐帝國，企圖征服史達‧德亞世界的真正幕後黑手。之所以選擇用薩克雷洛作為造型藍本，理由在於初期設計階段認為可以運用薩克雷洛本身的臉孔凸顯表情，不過到了定案稿階段時，為了符合大魔王的定位，因此決定將表情詮釋得更為猙獰邪惡。

背面設計

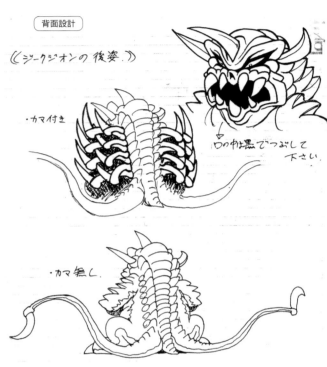

《ジークジオンの後姿.》

・カマ付き

口の中は黒でつぶして下さい

・カマ無し.

## 吉翁族怪物

在姆亞界等著騎士鋼彈一行人上門的各式怪物。

卡片圖稿原畫

> **Creators Comment**
>
> 畢竟是以騎士為主，怪物的順位自然也就排得比較後面。當時的MS種類不像現在這麼多，要在避免與騎士造型藍本重複的前提下選角，其實還頗傷腦筋的呢。

怪鳥卡烏達

鼴鼠亞克

怪物
九頭蛇薩克

怪物
小蓋布蘭

## 卡片資料夾用畫稿

這是為了《勒克羅亞的勇者》和《傳說中的巨人》收藏卡專用指南書「冒險之書」所繪製的畫稿，只要搭配收藏卡的資料夾，即可解說故事和解謎。在此要介紹由擔綱整體架構的桧山老師親自精選的多個場面，同時也是由老師負責原畫繪製，以便解說故事內容。由於按照故事情節繪製的視覺圖出乎意料地少，因此這些可說是相當寶貴的資料。

### Check it!!

#### 收藏卡背面插圖

在《勒克羅亞的勇者》和《傳說中的巨人》的收藏卡背面有著印象板。《勒克羅亞的勇者》的畫稿繪製了從勒克羅亞王國到撒旦鋼彈居城的全景，至於《傳說中的巨人》的畫稿則是繪製從勒克羅亞城到赫提沙漠的道路。《SD鋼彈外傳》卡片背面均繪製出故事舞台的全景，起初原本是設想從勒克羅亞城通往四方的道路會延伸至贊恩地區的四個國度。

### No.2 TOMOYUKI HIYAMA TECHNIQUE CATALOG

# SD 鋼彈外傳的新思維・機兵

這是《SD 鋼彈外傳》的第三部長篇作品。繼《圓桌騎士篇》之後，為了讓兒童消費群能獲得更多驚喜，於是在伴內弁太先生的指示下，安排了巨大機器人登場，嶄新的巨大 SD 鋼彈設計也就此誕生。

設計草案

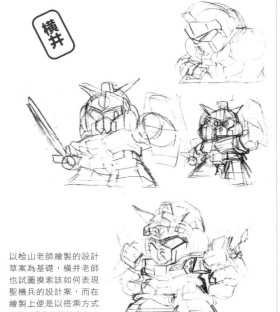

横井

以桧山老師繪製的設計草案為基礎，横井老師也試圖摸索該如何表現聖機兵的設計案，而在繪製上便是以搭乘方式和戰鬥動作為設計中心。

**聖機兵鋼雷克斯**

龐大的機械士兵，所以被稱為「機兵」。其中最特別的是有「聖機兵」之稱的機兵，為了掌握該如何表現這種氛圍，設計時也摸索了一番。既然是在外傳世界登場的巨大鋼彈，也就以《傳說中的巨人》裡的腦波傳導魔像身上有哪些細部結構為基礎，據此改良整體的造型設計。

Creators Comment

在最初的草稿中，頭身比例其實更貼近一般的 MS。

光剣（こうけん）

光盾（こうじゅん）

配色方案

由於是巨大兵器，因此也針對如何與騎士營造區別而思考配色方案。雖然也想過以 RX-78 為藍本，但這樣一來會使配色和騎士過於相近。為了表現這是挖掘出土的古代兵器，於是採用了較暗沉內斂的配色。另外還規劃兩種配色方案，差異在於作為點綴色的白色分量有多少。

**聖機兵鋼雷克斯（啟動狀態）**

**聖機兵鋼雷克斯（封印狀態）**

彩稿

設定上需要將特定道具收集齊全才能復活，因此鋼雷克斯有著封印狀態和啟動狀態這兩種畫稿。為了表現出封印狀態歷經漫長歲月的老舊感，這張畫稿並未用一般的筆刷上色，而是改用麥克筆來上色。

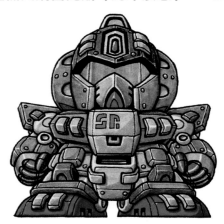

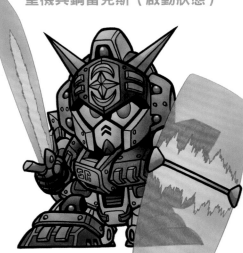

## 聖機兵鋼雷克斯
## （解放狀態）

因應操手本身的等級，鋼雷克斯也會隨之進化。在第2作登場的解放狀態，不僅可從臂部裡取出光之長矛，肩甲也能構成光之盾。

Creators Comment
卡片比較難表現進化過程，因此藉由電影版動畫，向兒童消費群具體呈現這個部分。

設計草圖

配色指示

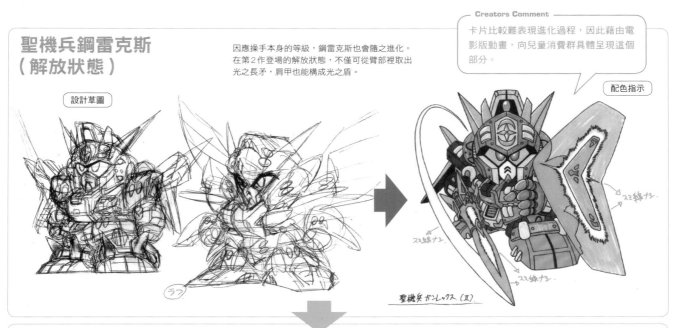

## 聖機兵鋼雷克斯
## （飛翔狀態）

在第3階段的進化中產生機翼，也因此獲得飛行能力。長矛亦強化為具備3根矛尖的形態，就連護盾也換成了在前作中取得的道具「白金之盾」。

Creators Comment
頭部尖角在第2階段時，變得很像Z鋼彈，到了第3階段則是變成如同ν鋼彈的模樣，藉此表現出如同歷代鋼彈更勝以往的感覺。

設計草圖

配色指示

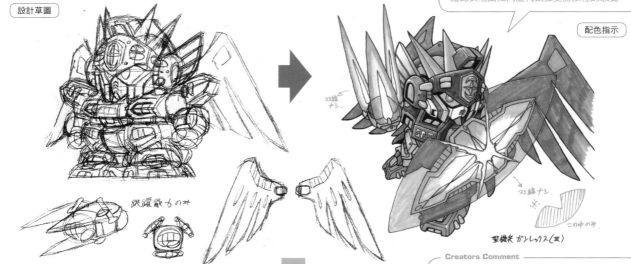

Creators Comment
該如何表現出相對於以往角色延長線的強化，真聖機兵的「真」則具有革命性的顛覆意義，在設計時可說是苦惱了許久。經由搭配不同於一般鋼彈的面罩等反覆試誤多次後，決定整合為大幅改變輪廓這個設計方向。

## 真聖機兵鋼雷克斯

隨著光之聖皇家鋼彈誕生，使鋼雷克斯達到真正覺醒境界的面貌。

設計草圖

配色指示

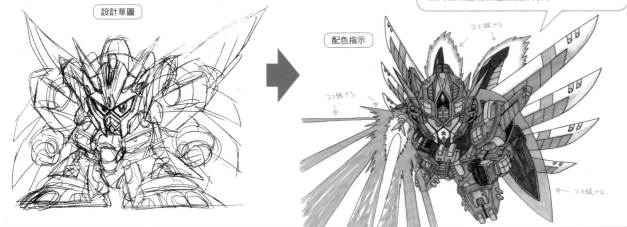

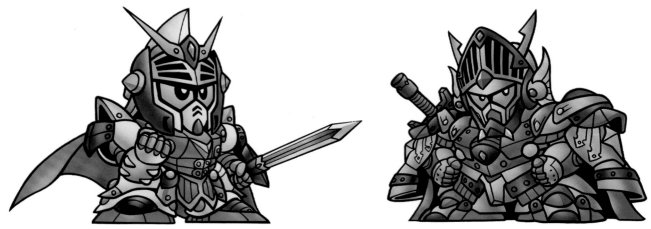

### 騎士鋼彈 GP01

騎士GP01在《聖機兵物語》第1作《復活的聖機兵》剛登場的面貌。雖然後來的GP01是交由橫井老師設計,不過這個階段是由檜山老師負責。包含角色在內,這部作品有不少部分都是由檜山老師擔綱設計。

### 重騎士鋼彈 GP02

與騎士GP01相同,這是騎士GP02在《復活的聖機兵》剛登場的面貌。這個角色也是先由檜山老師負責設計,再由橫井老師接手後續的各種樣貌。藍本機體的肩部推進器詮釋成了鎧甲,藉此設計成充滿重裝備騎士風格的造型。

### 史達・德亞 世界地圖

描繪了勒克羅亞王國、普里帝斯王國、達巴德王國這3個外傳故事舞台相對位置的地圖。不過這只是為了便於故事設計所繪製的筆記,而非官方設定的圖稿。由於這是將歐洲地圖轉動180度後仿效繪製,可以看出普里帝斯王國所在位置相當於英國。

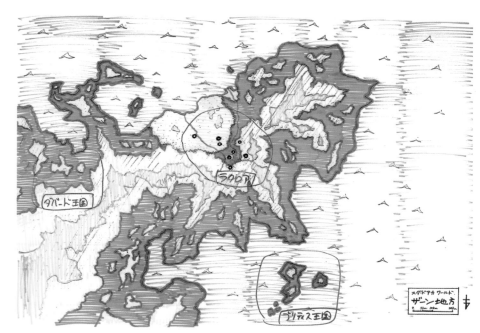

## Check it!!

### 未登場角色

這是在並未特別規劃登場需求的情況下,檜山老師設想到日後發展需求而自行繪製的設計案。當時外傳的收藏卡發售進度是以3個月為週期,但是實際可用來繪製畫稿的時間只有大約1個月。

Creators Comment

要在1個月內畫出各式各樣的設計案,因此平時就會設法多畫一些備用案。

彩稿

設計草圖

機兵ド・ズーカ （オリジナルザク）
ザク

作為敵方頭目機兵，選擇以吉翁克
為造型藍本的設計草圖。不過後來
更改成其他角色，未能用這個面貌
登場。 （ジオング）

### 機兵德・茲卡

敵對勢力新吉翁族的量產型機兵。當時的動畫最新作為《鋼彈F91》，不過能作
為造型藍本的MS幾乎都已經使用過一輪，因此設計這架德・茲卡時，改成著重
於如何在採用相同造型藍本的情況下加以區別。雖然同樣是以大家熟知的薩克
作為造型藍本，卻也藉由設置2具嘴部散熱口，表現出不同於以往之處。

### 雜機兵 姆亞爾吉

達巴德王國的量產型機兵。由於技術水準低於新吉翁，
有著操手會暴露在駕駛艙外的特徵。為了與以往採用吉
姆作為造型藍本的角色做出區別，因此頭部採用上下顛
倒的設計。

設計草案

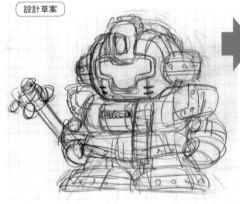

ユニオン族量產型機兵
（雜機兵）

配色指示

彩稿

ムアルジ．
（ジム → ムジ → ムジ ）
          アル

ネオジオン族 量產型機兵
（雜機兵）

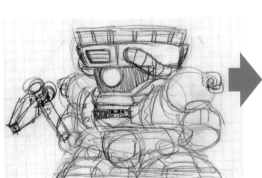

クアクザ．
（ザク → クザ → クアク ）→ 決定は
              ザ        ゲクーザ

### 雜機兵 傑・克薩

在新吉翁族的機兵當中，這是等級最低的機兵，和姆亞
爾吉一樣有著外露的駕駛艙。這架機體在設計上亦是把
藍本機體薩克Ⅱ的頭部上下顛倒，就連名字也是從薩克
顛倒而來。

# ₃ TOMOYUKI HIYAMA TECHNIQUE CATALOG
# 重新出發的SD鋼彈外傳

配合自2007年起推出的復刻版系列全新繪製圖稿，2013年時也因應手機遊戲《SD鋼彈外傳》的推出，重新繪製全新的圖稿。不僅知名角色有了全新的畫稿，甚至還有推出新角色等盛大發展。

## 騎士鋼彈
## 收藏卡戰記

自2013年起營運的手機遊戲，故事是以《SD鋼彈外傳》為基礎。除了過往繪製的卡片畫稿，諸多知名角色也配合這款遊戲繪製全新的動作圖稿。在活動中也公布當年並未著墨的全新外傳章節，當然亦配合設計了許多新角色。

### 皇騎士鋼彈
〔無限疾驅〕

騎在馬匹上、施展攻擊的
皇騎士鋼彈畫稿。

| 圖稿原畫 | 畫稿 |

**Creators Comment**

近來委託繪製畫稿，其實幾乎只指定要畫哪個角色，多半未指示要搭配什麼動作，因此繪製時也就格外著重在要將架勢表現得比當年更具動感上。

| 配色指示 | 設計草案 |

### 亞魯加斯騎士團〔集結〕

這是騎士亞雷克斯、劍士Z、鬥士ZZ、法術士ν等亞魯加斯騎士團隊長的大集合畫稿。

**Creators Comment**

當年必須在單一畫稿上用筆刷上色完稿，因此原畫也得連同特效在內，繪製在同一張畫稿上。不過現在已經能利用數位方式繪製，可以將特效畫在不同圖層上，最後再全部合併，可說是輕鬆許多呢。

設計草圖

配色指示

**聖騎士鋼彈 vs 惡魔曼沙**

電玩原創角色惡魔曼沙也在《收藏卡戰記》中登場。由於收藏卡畫稿的繪製作業相當忙碌，桧山老師幾乎沒接觸過外傳的電玩，繪製惡魔曼沙可是他第一次經手這類業務。

Creators Comment

從設計觀點來看，這次是抱著新鮮感來描繪與聖騎士之間的對決架勢。

圖稿原畫

配色方案

畫稿

**戰士吉姆打擊型（復仇女神）**

以戰士吉姆打擊型這個名字為藍本，配色方案也採用一般吉姆打擊型的模式，不過最後畫稿還是採用了復仇女神隊的配色。

設計草圖

配色方案

畫稿

**魔法騎士傑爾古格**

既然名為魔法騎士，為了使造型看起來就像會使用魔法，於是將傑爾古格的動作繪製成運用魔法操作護盾型武器。由於是以傑爾古格M作為造型藍本，因此也提出比照西瑪座機的配色方案，不過最後還是採用量產機配色。

設計草圖

配色方案

畫稿

**獸戰士薩克III**

這是有著戰士名號，設計成持拿粗獷武器的獸戰士。以德戴改為造型藍本的牛也比照獸戰士的風格，設計成狂野的猛牛造型。電玩中的敵方角色其實並未特別設定專屬故事，因此是純粹根據名稱給人的印象來設計。

## 騎士鋼彈 拼圖英雄

自2014年起營運的APP遊戲，擁有諸多新舊《SD鋼彈外傳》的角色登場。除了使用既有的畫稿外，亦配合這款遊戲繪製全新的畫稿。畢竟是拼圖遊戲的性質，因此並未規劃全新的故事章節，不過也設計許多能讓人感到故事性的畫稿等要素。

### 武鬥家尼摩

草稿

畫稿

### 黃金騎士

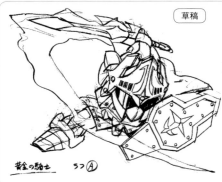

草稿

草稿

畫稿

提出2種不同揮劍方向的黃金騎士草稿。

**Creators Comment**

由於有一部分會被護盾遮擋，減損正面的美感，因此大家通常會覺得左圖的草稿比較帥氣。不過真要選擇的話，我個人會挑右方這份草稿。

### 客棧米萊

**Creators Comment**

這是抱著「可能是祈禱跑船的布萊特早日平安歸來，因此才會曬起黃手帕吧」的想法繪成。

勒克羅亞王國的客棧老闆娘。在近來遊戲裡，其丈夫為跑船的布萊特的設定也逐漸明朗化。

### 戰士亞贊

### 騎士阿姆羅&天馬白色基地

這兩張圖稿原畫，是在《亞魯加斯騎士團》中登場的騎士阿姆羅與戰士亞贊。為了表現出騎乘天馬白色基地驍勇善戰的騎士阿姆羅，以及剽悍地揮舞鉤爪進行攻擊的戰士亞贊等情境，兩張原畫也努力描繪出充滿躍動感的架勢。

## ➕ Check it!! ➕

**Creators Comment**

以前每天都過著不斷趕進度的日子，無法從容地講究細節，沒辦法像這樣花時間仔細地畫好一整張圖呢。

### 活動限定版服裝

配合聖誕活動的聖誕女郎版騎士雪拉，天馬白色基地也裝扮成馴鹿的模樣。

原畫

畫稿

## 騎士鋼彈收藏卡任務

這是為收藏卡《SD鋼彈外傳》追加可以在智慧型手機和桌上型電腦玩的遊戲機能，於2015年發售的現代版數位收藏卡。除了復刻舊有畫稿的卡片之外，亦加入全新繪製畫稿的卡片。另外，取得卡片的管道並非僅限購買，也有必須在遊戲活動中破關後才能取得的全新畫稿版卡片。

設計草圖

配色指示

彩稿

## V攻擊

這是由騎士鋼彈、戰士鋼加農、僧侶鋼坦克聯手施展的合體攻擊招式。當年作為卡片對戰的要素，才構思出這個玩法，如今過了約四分之一個世紀的時光後，總算成為真正的卡片畫稿。由於最後會採數位上色的方式呈現，因此3名角色並非全部畫在同一張圖稿上，而是分成多個零件個別完稿。

設計草圖

### 黃金騎士

以使用MEGA火箭巨砲為藍本，呈現了發射魔法彈的黃金騎士。為了更易於了解整體樣貌，完成版畫稿是繪製成發射魔法彈之前的狀態。

設計草圖

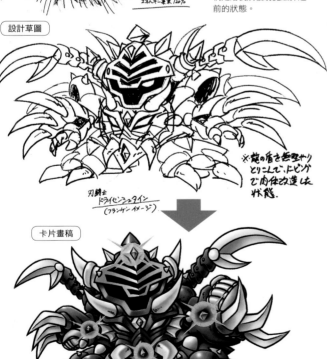

卡片畫稿

圖稿原畫

特效

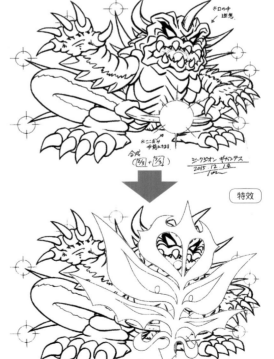

## 怪物 德萊森斯坦

根據「鬥士德萊森吸收龍之盾後獲得強化」的指示，以改造人、科學怪人之類的形象為參考，設計出這個三魔團頭目的強化形態。

## 吉翁萬歲巨神

既然是吉翁萬歲的強化形態，那麼也就設計成胸口徽章整個浮現在身前的模樣，藉此象徵徽章內力量完全釋放出來的狀態。為了讓徽章能夠像是特效一樣疊合在前方，因此是先另行繪製徽章，再疊合圖層呈現。

## No. 4 TOMOYUKI HIYAMA TECHNIQUE CATALOG
## 新約SD鋼彈外傳的設計

由於復刻版收藏卡頗受好評，因此自2013年起開始推出了《新約SD鋼彈外傳》系列。這是相當於《SD鋼彈外傳》續作的故事，某些舊作角色也以成長後的面貌登場。桧山老師也以設計師兼插畫家的身分加入製作團隊，並以怪物為中心設計了許多新角色。

**閃卡特效部位指示**

**配色指示**

**卡片畫稿**

### 拳聖尼摩

《新約SD鋼彈外傳》的世界是在《SD鋼彈外傳》經過了許多年之後，因此特地委託設計了年事已高的尼摩。

**Creators Comment**

雖然委託繪製年事已高的尼摩，但其實前陣子才剛畫拳鬥士尼摩原來的模樣。能親手為以前設計的角色繪製出年邁模樣，這點真是令人感慨萬千呢。

**草稿**

**原畫**

**卡片畫稿**

### 錬金術師拉斯維德

繪製草稿時，原本是畫向部下做出指示，不過為了凸顯錬金術師的身分，因此修改為正在施術的動作。

**Creators Comment**

比起繪製拉斯維德，有機會畫背景裡那些努力工作的平凡人物，這點其實更讓我覺得開心呢。

**原畫**

**卡片畫稿**

**Creators Comment**

手套和服裝都是刻意仿效某位知名漫畫家的作品繪製而成。

### 隊長卡邦

《新約SD鋼彈外傳》也採用了《逆A鋼彈》的人物作為造型藍本。卡邦是以普里帝斯王國的機兵隊隊長身分登場。

### 將機兵 星蝕天帝

這是以深紅騎士新安州用機兵為題，公開徵稿時的最優秀作品。後來請桧山老師繪製成正式的卡片畫稿。

**Creators Comment**

以公開徵稿來說，繪製時會盡可能掌握投稿者的設計概念，並且謹慎地在不改變造型的前提下畫得更加帥氣。

**草稿**

**卡片畫稿**

## 人魚佐諾&
## 大王古恩

《新約SD鋼彈外傳》新系列第1作
登場的大王古恩。

**Creators Comment**

過去曾有一段大王烏賊風潮，
看過相關影片後，也就畫出了
這個角色。看起來像巨大眼睛
的部分是重點所在。

## 怪物
## 巨蟹瑪希羅

包含海盜船在內，桧山老師為第1
作設計許多種海中怪物。巨蟹瑪希
羅是以招潮蟹為參考，設計成有著
巨大右螯的造型。圓頂狀頭部亦是
特徵所在。

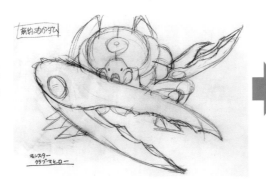

## ➕ Check it!! ➕

### 怪物的設計草案

桧山老師參與製作《新約SD鋼彈外傳》時，其實並未經手與規劃世界觀
相關的事務，僅純粹負責設計角色&繪製插圖，也就是只能憑藉名稱和
藍本機體發揮想像力，進而設計出角色造型。不過正因為作為骨幹的史
達・德亞世界觀本來就是出自桧山老師之手，所以才能在維持既有風格
的前提下，流暢地接連設計出各種新角色呢。

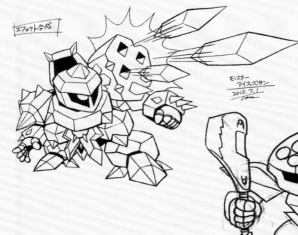

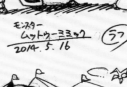

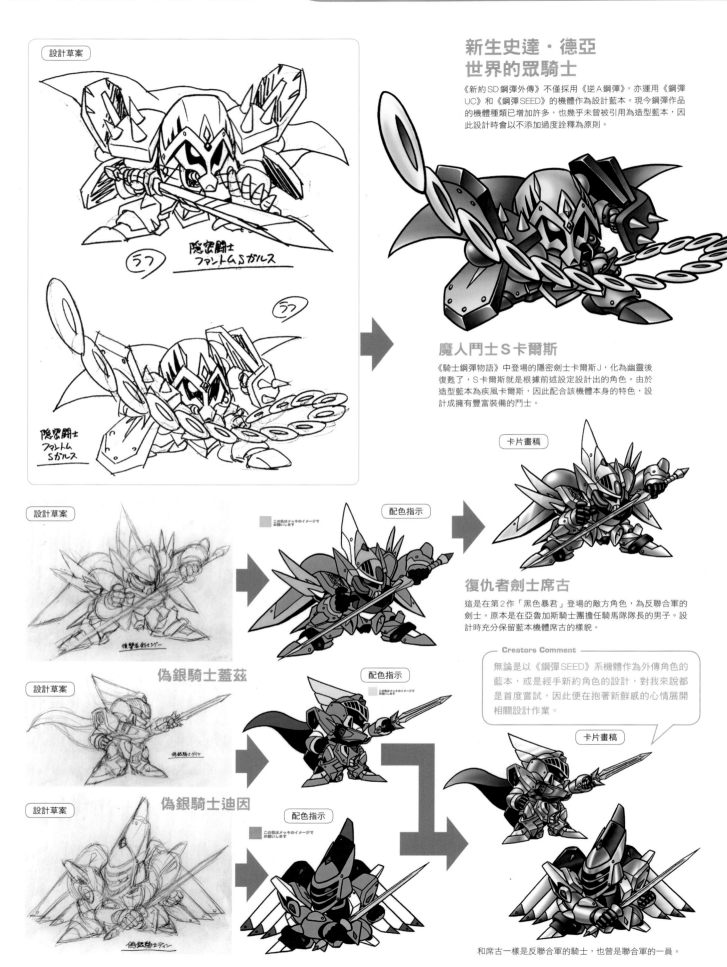

設計草案

隱密鬥士
ファントムSガルス

隱密鬥士
ファントム
Sガルス

## 新生史達・德亞
## 世界的眾騎士

《新約SD鋼彈外傳》不僅採用《逆A鋼彈》，亦運用《鋼彈UC》和《鋼彈SEED》的機體作為設計藍本。現今鋼彈作品的機體種類已增加許多，也幾乎未曾被引用為造型藍本，因此設計時會以不添加過度詮釋為原則。

### 魔人鬥士S卡爾斯

《騎士鋼彈物語》中登場的隱密劍士卡爾斯J，化為幽靈後復甦了，S卡爾斯就是根據前述設定設計出的角色。由於造型藍本為疾風卡爾斯，因此配合該機體本身的特色，設計成擁有豐富裝備的鬥士。

設計草案

配色指示

卡片畫稿

偽銀騎士蓋茲

### 復仇者劍士席古

這是在第2作「黑色暴君」登場的敵方角色，為反聯合軍的劍士。原本是在亞魯加斯騎士團擔任騎馬隊隊長的男子。設計時充分保留藍本機體席古的樣貌。

設計草案

配色指示

#### Creators Comment

無論是以《鋼彈SEED》系機體作為外傳角色的藍本，或是經手新約角色的設計，對我來說都是首度嘗試，因此便在抱著新鮮感的心情展開相關設計作業。

卡片畫稿

設計草案

偽銀騎士迪因

配色指示

和席古一樣是反聯合軍的騎士，也曾是聯合軍的一員。

設計草案

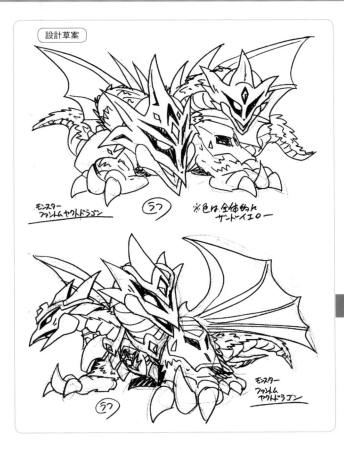

## 復活的穆佐帝國
## 怪物群

《新約SD鋼彈外傳》的故事中，過去曾在《亞魯加斯騎士團》登場的騎士巴烏不僅神祕地復活了，更暗中推動某些陰謀。因此在作為完結篇的新故事章節第4作《新王光誕篇》中，有著不少穆佐帝國的角色登場。擔綱設計這些復活角色的，正是當年經手原有設計的桧山老師。

### 幽靈亞克托龍

《亞魯加斯騎士團》登場的亞克托龍，化為幽靈而復甦的面貌。不希望偏離原有造型太多，因此亦有繪製保留原本臉孔的草稿，不過為了表現出這是強化版本，後來還是在額部加上頭冠狀零件。

卡片畫稿

設計草案

**幽靈德萊森**

卡片畫稿

穆佐帝國三魔團之一鬥士德萊森化為幽靈復甦的面貌。三魔團頭目化為幽靈後，手腕上都追加共通的手環狀零件，不過在草稿階段尚未畫出這個特徵。既然是舊有角色強化後的模樣，動作架勢也就得繪製得更具鬥士氣息。

設計草案

卡片畫稿

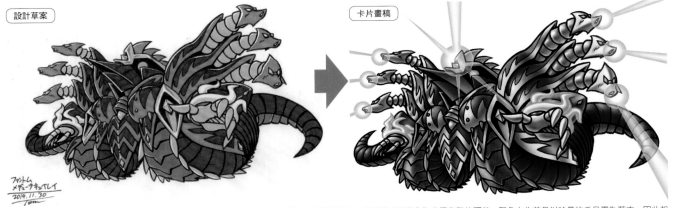

**幽靈梅杜莎丘貝雷**

和幽靈德萊森一樣，三魔團頭目之一梅杜莎丘貝雷化為幽靈復甦的面貌。配色上先前是以哈曼的丘貝雷為藍本，因此起初改用普露的丘貝雷Mk-Ⅱ來設計配色指示，不過後來還是改成以紅色的普露2號專用丘貝雷Mk-Ⅱ配色風格為準。

No. **5** TOMOYUKI HIYAMA TECHNIQUE CATALOG

# 公開招募設計的完稿樣貌

這是繼「超級誇張比例鋼彈世界」後，自1993年起推出的轉蛋系列。商品本身採用能夠在軟膠玩偶主體背面裝設塑膠零件的規格。這個設計比賽的得獎作品也是由桧山老師負責整合完稿。

設計草案

圖面

彩稿

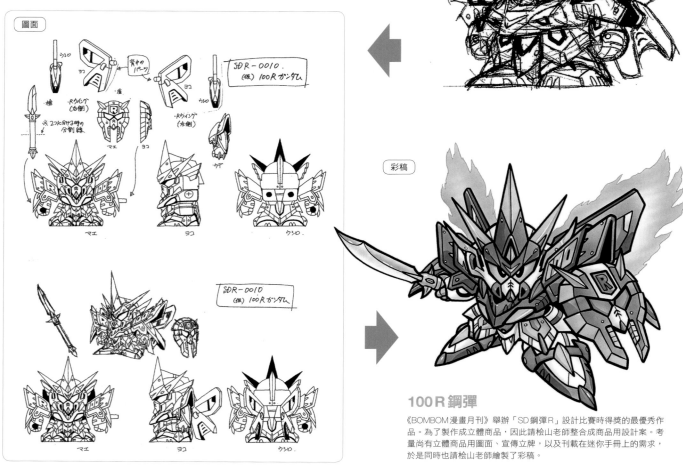

### 100 R 鋼彈

《BOMBOM漫畫月刊》舉辦「SD鋼彈R」設計比賽時得獎的最優秀作品。為了製作成立體商品，因此請桧山老師整合成商品用設計案。考量尚有立體商品用圖面、宣傳立牌，以及刊載在迷你手冊上的需求，於是同時也請桧山老師繪製了彩稿。

### 超級 R 鋼彈 100

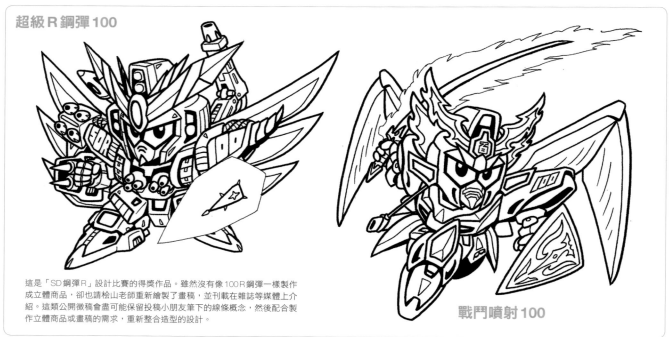

這是「SD鋼彈R」設計比賽的得獎作品。雖然沒有像100R鋼彈一樣製作成立體商品，卻也請桧山老師重新繪製了畫稿，並刊載在雜誌等媒體上介紹。這類公開徵稿會盡可能保留投稿小朋友筆下的線條概念，然後配合製作立體商品或畫稿的需求，重新整合造型的設計。

### 戰鬥噴射 100

# 今石 進
## SUSUMU IMAISHI

今石老師以擔綱塑膠模型「BB戰士」系列的設計、畫稿、漫畫世界等內容而廣為人知。作為續集，自然不會僅止於刊載BB戰士的設計，將會進一步介紹轉蛋商品的設計、電玩遊戲包裝盒的設計等項目，揭曉今石老師以往罕為人知的作品。

**No.1** SUSUMU IMAISHI TECHNIQUE CATALOG

# SD 戰國傳的設計

第一作《武者七人眾篇》是由橫井老師負責設計眾主角武者,今石老師則是擔綱以配角為中心的設計工作。不過自第二作《風林火山篇》起,包含主要角色在內,近乎所有設計工作都是由今石老師負責。

定案稿

設計草案

## SD 戰國傳 風林火山篇

這是《武者七人眾篇》大約15年後的故事,七人眾各角色會以晉升、強化後的面貌登場。更採用由新主角群帶動故事發展,前作主角群從旁襯托的架構,因此成為更受各方玩家喜愛的作品。

### 第3代頑馱無大將軍

前作主角武者頑馱無晉升為大將軍後的面貌。初期設計結合了初代大將軍的形象,採用背後設有光環的造型。不過這個角色並沒有打算推出大尺寸商品,因此為了表現出本商品獨有的豪華感,便將會採電鍍加工的角飾刻意設計得大一點。

初期設計

**Creators Comment**

既要保留精太原有形象,又要表現出實力更上一層的模樣,不過在設計上其實並沒有那麼費神。畢竟對精太來說,緒羅四恩的體型小了點,因此只要把這個附屬的超緒羅四恩設計得醒目威風些即可。

設計草案

定案稿

### 第2代將頑馱無

武者精太晉升後的面貌,為負責指揮新生頑馱無軍團的名軍師。

定案稿

### 頑馱無副將軍

第3代大將軍之弟農丸晉升後的面貌。分別設計了副將軍形態,以及微服出巡的形態。這個形態融入了柳生十兵衛的造型,並搭配採用橫井老師設計的柳生農兵衛形態。

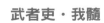

### 武者吏・我髓

吏・我髓原本是作為新生武者五人眾之一而設計,為前作角色吏・我髓獲得強化後的面貌。不過隨著採用新設計的角色武者風雷主,這個造型也就未在故事中登場。

# 風林火山四天王

這是武者七人眾另外4名成員——仁宇、摩亞屈、駄舞留精太、齋胡獲得強化後的面貌。
既然名為《風林火山篇》，也就為他們個別全新設計了風、林、火、山的鎧甲，並且搭配
更換成形色的主體發售。在設計上採用更動最醒目的頭盔和肩甲，使得整體輪廓煥然一
新的手法。

### 疾風之仁宇

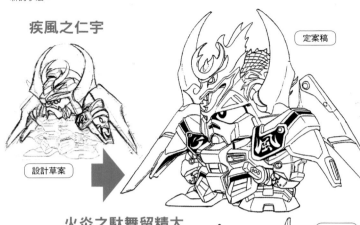

設計草案　定案稿

### 密林之摩亞屈

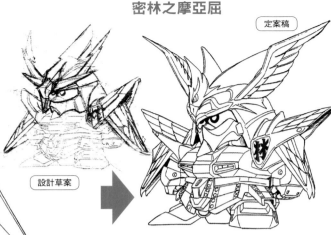

定案稿　設計草案

### 火炎之駄舞留精太

設計草案　定案稿

### 巨山之齋胡

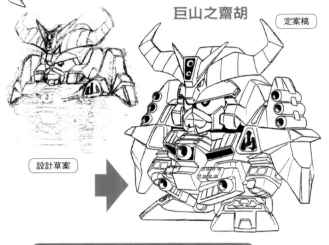

定案稿　設計草案

---

## 白虎之神器

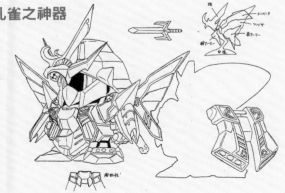

## 孔雀之神器

### ⊕ Check it!! ⊕

## 眾武者的強化零件

可供強化眾武者的神器，曾以零售形式推出「天翔之神器」、「麒麟之神器」、「青龍之神器」這幾款零件套組，在此要介紹原訂後續會推出的神器，分別是可供駄舞留精太、齋胡百士貴使用的強化零件。

#### Creators Comment

白虎之神器是參考了橫井老師在漫畫中繪製的「水上下駄舞留精太」設計而成。

### 牛角之神器

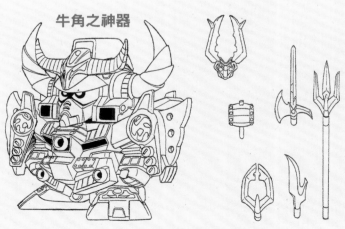

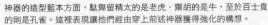

神器的造型藍本方面，駄舞留精太的是老虎、齋胡的是牛，至於百士貴的則是孔雀。這裡表現讓他們經由穿上前述神器獲得強化的構想。

## 新SD戰國傳
## 地上最強篇

這是一個除了原有的武者國度之外，進一步加入以中國為藍本的影舞亂夢、以印度為藍本的赤流火穗，描述這三國各戰士大顯身手的故事。不僅這3個國家各推出3名角色的商品，商品之間也都設計成可以互動的玩法。繼影舞亂夢的3人組，由今石老師擔綱設計的，正是來自武者國度的這3名角色。

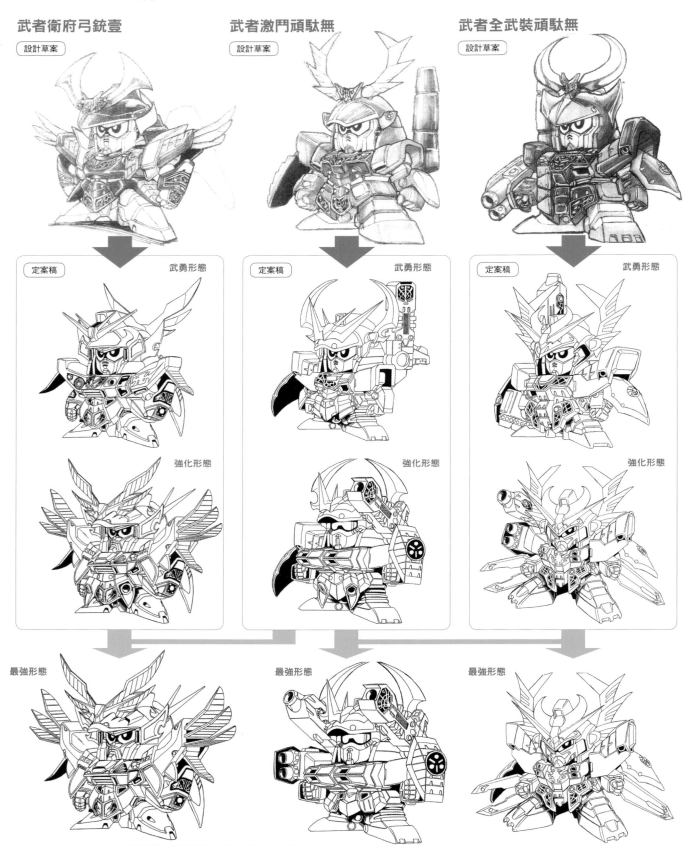

武者衛府弓銃壹　　　武者激鬥頑駄無　　　武者全武裝頑駄無

設計草案　　設計草案　　設計草案

定案稿　武勇形態　　定案稿　武勇形態　　定案稿　武勇形態

強化形態　　強化形態　　強化形態

最強形態　　最強形態　　最強形態

輕裝形態穿上鎧甲後構成武勇形態（武者形態），這可說是沿襲了既有武者的設計。而進一步發展而來的，正是可經由替換組裝鎧甲呈現的強化形態，以及搭配使用同伴的零件呈現最強形態，亦即共有3階段的威力提升形態。由於必須搭載諸多機構，因此整合設計的過程相當費工夫，所幸最後在並未嚴重減損初期設計形象的條件下，成功整合了所有要素。考量到激鬥的最強形態是著重於砲擊，全武裝則是把重心擺在格鬥上，兩者也就經由交換造型藍本，才完成了最後階段的設計。

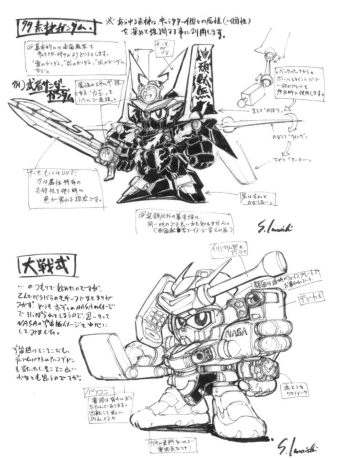

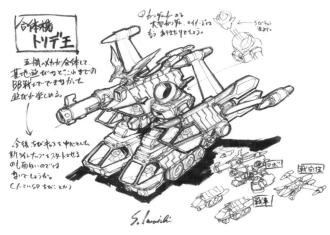

## 1997 年新武者概念設計

BB戰士的企劃總是力求加入嶄新要素,以及不斷摸索全新表現方向下展開製作。這邊所刊載的圖片,其實是今石老師在《霸大將軍篇》系列概念定案之前繪製。相較於武者的要素,顯然更著重於凸顯機械類設計的要素,甚至還結合在當時屬於新穎設備的行動電話和筆記型電腦,提出許多不同的構想。

## Check it!!

### BB戰士提案用構想「G要塞」

這是在推出GARMS之前,為了推展有別於武者、騎士的全新SD鋼彈,因而設計的構想草案。由圖片可知,Z鋼彈型角色能夠和武裝替換組裝,呈現如同穿波機的飛行形態,該形態後側還能組裝貨櫃。這部分大致設想5種版本,只要讓5種貨櫃零件合體,即可構成類似白色基地的戰艦。

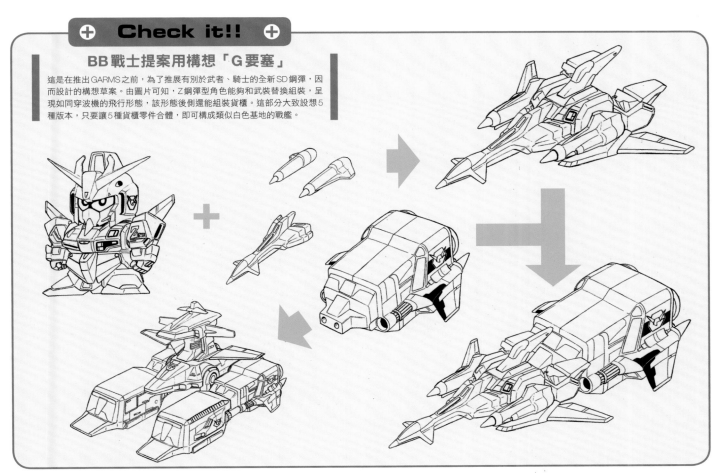

示意草稿

## ∟2000年新武者概念設計

這是以2000年度新武者的概念設計而成。不僅造型上具備了
與厚重鎧甲相稱的豐富細部結構,更有著重於可動性的主體,
可說是回歸「鎧甲武者」這個基礎概念才設計的成果。有如在
追尋嶄新方向的過程中,歷經各種試誤後重回原點,並據此創
造出的嶄新BB戰士。

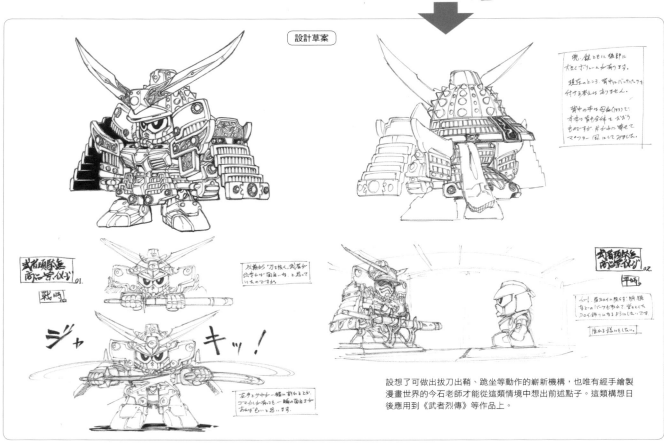

設計草案

設想了可做出拔刀出鞘、跪坐等動作的嶄新機構,也唯有經手繪製
漫畫世界的今石老師才能從這類情境中想出前述點子。這類構想日
後應用到《武者烈傳》等作品上。

## ⊕ Check it!! ⊕

### 輕裝形態概念設計

這些是卸下鎧甲的輕裝形態設計案。可看出藉由變更肩幅和腰寬,呈現
體格差異的構想。

Creators Comment

雖然身為武者,但想著「以表現角色個性來說,如果能呈現戰
鬥以外的模樣,應該也不錯吧?」於是便設計了這些草案。

# BB戰士 武者世代

這是將「武者」詮釋成如同機兵的巨大人型兵器,藉此與以往角色作出區別,讓武者純粹居於機體定位的作品。在結局時,則有具備自我意識的武者誕生,進而與以往的武者建立起關聯性。因此就武者系列來說,本作相當於創世紀的章節呢。

示意草稿

@これまでの武者ディテールを用いずデザイン。

設計草案

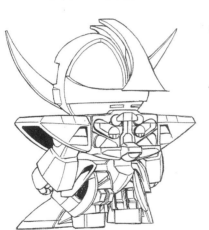

## 武者逆A鋼彈

根據2000年度作品《武者世代》會與G世代系列套件採用共通鋼模的決定,今石老師設計了身為主角的武者逆A鋼彈。考量到主體與G世代版逆A鋼彈為共通零件,於是採取運用局部零件,凸顯武者風格的設計手法。由於後來決定在故事中定位為巨大人型兵器,因此在定案稿階段取消了瞳孔造型。

@ビームサーベルとビームライフルを あつかう。
(失われた技術?)

## + Check it!! +

## 女性型鋼彈

這些是在《武者世代》企劃初期階段,根據「世界各地眾鋼彈挺身對抗來自月球的敵人」這個概念設計而成。主角以外的商品設計是由寺島老師擔綱,而今石老師則負責繪製印象板等項目。另外,基於在漫畫中或許有需求的考量,於是亦提出女性型鋼彈的設計案等構想。

### No.2 SUSUMU IMAISHI TECHNIQUE CATALOG
# G機具的設計

G機具乃是為一般鋼彈世界增添全新的變形與把玩要素，希望藉此創造出嶄新系列的作品。首款商品被賦予了「戰艦」這組關鍵字，並由今石老師擔綱本系列基礎的設計。

示意草稿

## BB戰士G機具 SD大戰艦篇

根據「讓飛翼鋼彈作為戰艦」的構想，在保留飛鳥形態作為基礎之餘，亦往搭配全新開模零件來呈現戰艦形態的方向展開設計。既然是戰艦，那麼為了營造出巨大感，鋼彈主體也採用大幅添加細部結構的設計手法來詮釋。

設計草案

**Creators Comment**
該如何運用少數零件使整體顯得像戰艦，這是設計上最費心思之處。

### 飛翼鋼彈

除了戰艦主體之外，亦決定要附屬作為成員的SD迷你模型，因此可供呈現戰艦面貌用的追加零件數量也就更少了。

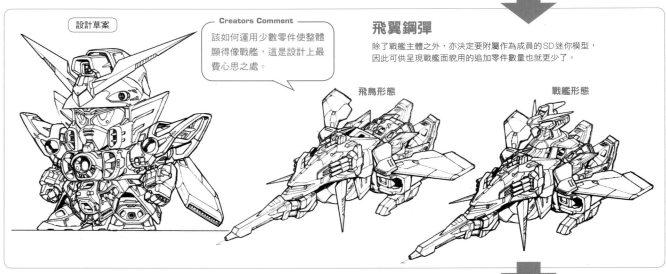

飛鳥形態

戰艦形態

定案稿

飛鳥形態

戰艦形態

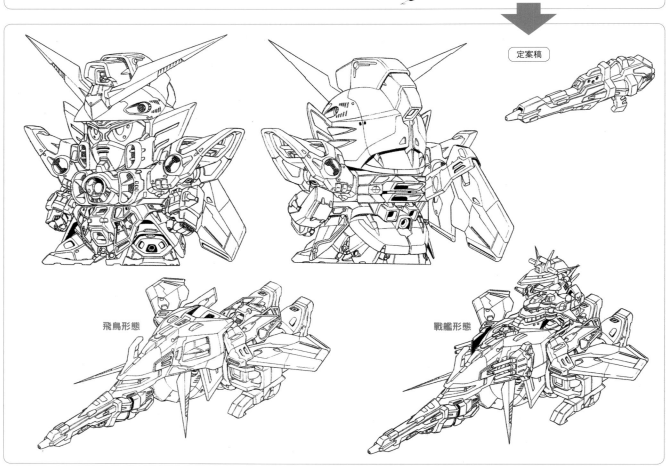

**No.3** SUSUMU IMAISHI TECHNIQUE CATALOG

# 遊戲企劃用設計

雖然採用相同的系統，不過只要更換登場角色，即可包裝成另一款
新商品推出，這就是現今廣為人知的電玩遊戲形式。在此要介紹的
「武者」和「騎士」，正是請今石老師、橫井老師擔綱造型設計。

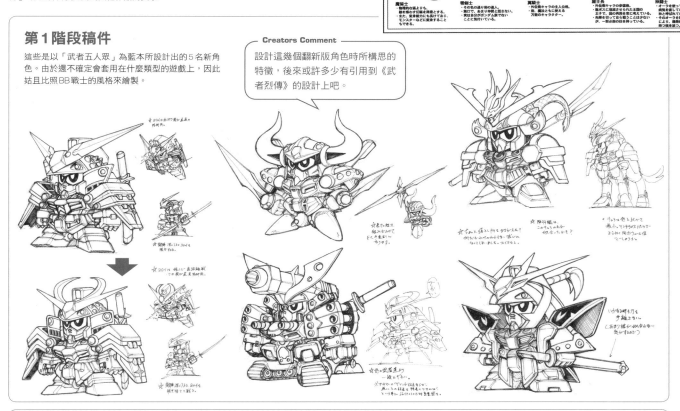

## SD 鋼彈英雄傳

這是 1999 年打算製作 GAME BOY 軟體時擬定的企劃筆記。雖然不曉得和後來
發售的同名作品之間有什麼樣的關聯性，但這個企劃的名稱也是「SD 鋼彈英雄
傳」，亦蘊含日後運用到其他作品的要素。

## 第1階段稿件

這些是以「武者五人眾」為藍本所設計出的5名新角
色。由於還不確定會套用在什麼類型的遊戲上，因此
姑且比照 BB 戰士的風格來繪製。

**Creators Comment**

設計這幾個翻新版角色時所構思的
特徵，後來或許多少有引用到《武
者烈傳》的設計上吧。

## 第2階段稿件

看到橫井老師採用飛翼鋼彈和神鋼彈等新藍本來設計騎
士後，武者陣營也加入以神鋼彈、飛翼鋼彈為藍本設計
的角色。另外，考量到遊戲畫面中能重現的幅度有
限，因此更改成大幅減少細部結構的造型。

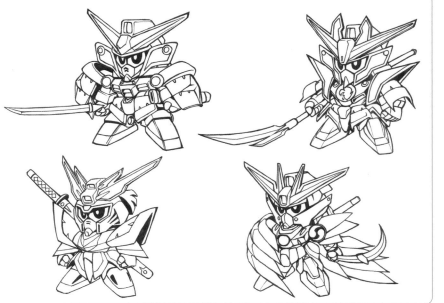

## No.4 SUSUMU IMAISHI TECHNIQUE CATALOG
# 鋼彈R的設計

今石老師亦經手轉蛋系列「SD鋼彈R」的原創設計。在這個系列中，R鋼彈變身而成的樣貌是今石老師擔綱設計，敵方陣營鋼彈則是由橫井老師負責設計。

這是為了說明推進器鋼彈R如何變形，因此以今石老師的設計圖稿為基礎，由宮老師繪製的示意圖。

### SD 鋼彈R

今石老師負責設計R鋼彈變身後的模樣。冠有火箭、機車、潛水艇等名稱的R鋼彈能變形為各式機體。

**Creators Comment**

由於主體是完全固定的，只能利用配件展現變形機能，感覺上就像在玩拼圖，相當有意思。再加上敵方陣營是由橫井老師設計的鋼彈，設計起來也就格外來勁囉。

### 推進器鋼彈R

這個R鋼彈是以「阿波羅計畫」中的農神火箭為藍本。將肩部零件重疊裝設在頭部上後，即可變形為火箭形態。

### 飆風機車鋼彈R

以《BOMBOM漫畫月刊》的讀者徵稿作品為基礎，由今石老師詮釋為商品用設計的角色。只要讓主體往前傾並裝設輪胎，即可變形為機車形態。

## ✛ Check it!! ✛

### 20th 紀念鋼彈R

這是「SD鋼彈R」第20作的紀念鋼彈。設定中是將以往購買R鋼彈取得的各式零件一舉組裝起來，主體造型亦是由經手原有設計的今石老師整合。各部位均可見以往被R鋼彈打倒的其他鋼彈特徵。

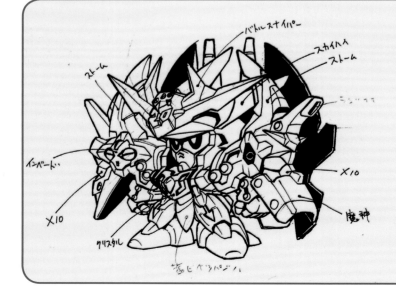
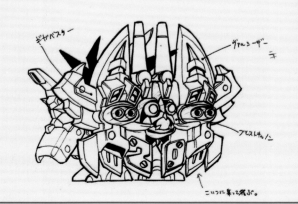

**Creators Comment**

一般提到海洋題材，就會想到
「張開血盆大口的鯊魚」，因此
便將這點融入設計中。

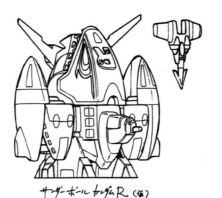

サンダーボールガンダムR（仮）

## 突擊戰機鋼彈 R

這是能變形為宇宙戰鬥機的鋼彈R。雖然看起來像是以某
部經典科幻電影的戰機為藍本，不過無論是機首或駕駛
艙的設計，都是參考自《X轟○號》喔。

## 潛水艇鋼彈 R

變形藍本為潛水艇的R鋼彈。

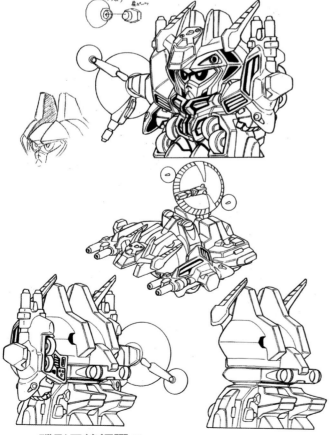

## 碟形天線鋼彈 R

這個R鋼彈變形藍本是某經典怪獸電影中廣為人知的
特殊戰車。在兒童之間大受喜愛的點子均陸續融入
設計當中呢。

## 超級列車鋼彈 R

能變形為三重列車模式的R鋼彈。由於雙臂是固定的，
因此才會設計成可變形為3輛列車並排的造型。

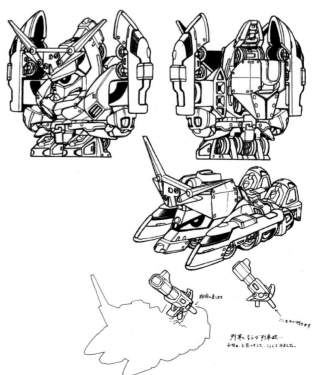

## No.5 SUSUMU IMAISHI TECHNIQUE CATALOG

# 畫稿

今石老師不僅擔綱設計，亦經手繪製過諸多畫稿。在此要介紹除了代表性的BB戰士包裝盒畫稿外，其他由今石老師負責繪製的畫稿。

**Creators Comment**

我還記得當時因為還不習慣動畫風格的賽璐珞上色法，所以在繪製陰影部位的指示時費了不少工夫。

原畫

### 「漫畫世界終極特別合集」封底用畫稿

為了將原本刊載於BB戰士說明書上的「漫畫世界」集結成冊，因此特別繪製的畫稿。相對於封面是以《新SD戰國傳》的頑馱無大光帝作為主圖，封底則採用一般鋼彈世界的鋼彈大集合。不過Z鋼彈在這個時間點尚未推出BB戰士套件就是了。

陰影部位指示

配色指示

畫稿

原畫

### SFC軟體《機動戰士SD鋼彈2》包裝盒畫稿

這張畫稿是以Z鋼彈的最後決戰場面為藍本。

**Creators Comment**

以電玩遊戲類包裝盒畫稿的委託來說，通常會直接指定「麻煩請畫這個角色」，因此容易提出相對應的構圖方案，並一路順利地繪製完稿。

完成畫稿

### GB軟體《SD鋼彈外傳 勒克羅亞的英雄》包裝盒畫稿

由於是以《勒克羅亞的勇者》為藍本的遊戲包裝盒，因此採用以主角騎士鋼彈搭配宿敵撒旦鋼彈為主的構圖。

**Creators Comment**

當時的工作量相當多，因此會找手頭上正好有空檔的人來接這類業務。不過那時我的確是一邊想著「我主要負責的明明是戰國傳，怎麼會把外傳遊戲的包裝盒畫稿交給我啊」，一邊畫的呢。

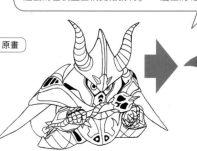

原畫

個別畫稿

「找出哪裡不一樣」用畫稿

這是配合BB戰士有獎徵答活動所繪製的畫稿。這類畫稿是先將作為正確答案的原畫繪製完成後，再經由剪貼方式製作出錯誤版本。

《風林火山篇》用畫稿

這張畫稿所要呈現的場面，正是武者荒烈驅主等新生武者五人眾，挺身對抗若殺驅頭率領的闇軍團。

> **Creators Comment**
> 當時我也有負責繪製作為宣傳素材等各式用途的畫稿。

宣傳看板用畫稿

在1997年度HOBBY SHOW展出的畫稿用原畫。當時為BB戰士10週年，因此便以歷來的《武者七人眾篇》~《武神輝羅鋼篇》這8部《SD戰國傳》系列作品為主題，分別繪製8張畫稿。那時是採用賽璐珞畫的方式來呈現，至於陰影的上色指示則是由宮老師負責。

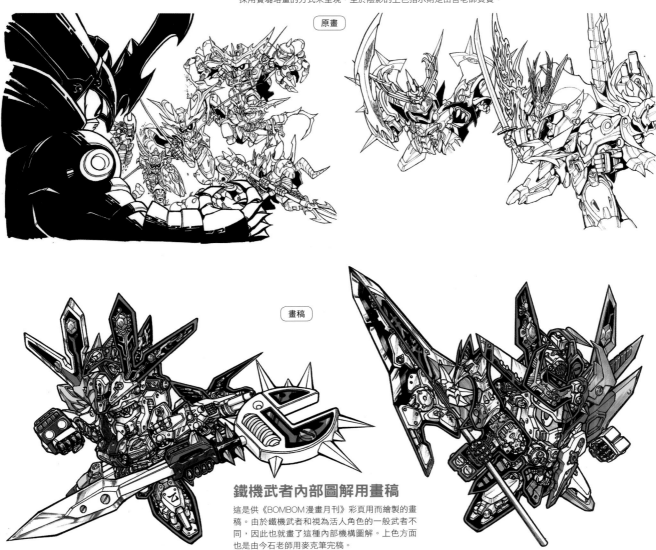

鐵機武者內部圖解用畫稿

這是供《BOMBOM漫畫月刊》彩頁用而繪製的畫稿。由於鐵機武者和視為活人角色的一般武者不同，因此也就畫了這種內部機構圖解。上色方面也是由今石老師用麥克筆完稿。

### 騎馬衝撞戰

這是使用2輛馬達驅動式機具，在騎馬鬥技場上交手的對戰玩具。這裡採用三國傳中登場的馬匹披掛裝甲作為戰馬，並且供武將騎乘的設計。這種造型也有在TV動畫《SD鋼彈三國傳Brave Battle Warriors》中，以動畫原創的白馬陣形式登場。至於商品陣容則是有劉備、曹操、孫權等主要角色。

**草稿**

**原畫**

**畫稿**

### 龍裝劉備鋼彈VS
### 呂布托爾吉斯
### 騎馬對決套組

由劉備和呂布搭配騎馬鬥技場所構成的套組商品。畫稿使用與零售版劉備、呂布相同的版本，是由Koma老師擔綱繪製，今石老師則是負責完稿等部分作業。

#### Creators Comment

起初原本只是打算幫忙完稿，不過進度很趕，後來剩下的幾款幾乎都變成由我擔綱繪製。

### 鬼牙裝關羽鋼彈
### ＋白銀流星馬

### 雷裝張飛鋼彈
### ＋白銀流星馬

關羽、張飛鋼彈是由今石老師擔綱繪製原畫。雖然《BB戰士三國傳》的包裝盒畫稿是由今石老師負責，但因為動畫《SD鋼彈三國傳Brave Battle Warriors》的塑膠模型系列改為以3D CG呈現，所以這兩款商品是今石老師第一次繪製鬼牙裝、雷裝這類強化後的面貌呢。

#### Creators Comment

原本就已經很了解這些角色，不用多想就能順利畫出來呢。

鬼牙裝關羽鋼彈
＋白銀流星馬

雷裝張飛鋼彈
＋白銀流星馬

草稿

### 紅蓮裝曹操鋼彈＋絕影

畫稿

### 猛虎裝孫權鋼彈＋白銀流星馬

畫稿

草稿

### 趙雲鋼彈＋飛影閃

畫稿

草稿

曹操、孫權、趙雲的畫稿也是由今石老師擔綱繪製。這系列商品的武器是設計為連同特效一體成形，因此畫稿中也繪製出武器散發特效的模樣。另外，考量這是會馳騁行進的玩具，畫稿中亦針對車輪，添加晃動狀特效，這也是設計重點所在。附帶一提，趙雲的飛影閃有實際在動畫中登場。

**未商品化的包裝盒畫稿**

騎馬衝撞戰在推出7種角色和騎馬鬥技場、套組商品後便告一段落，不過其實後續的商品包裝盒畫稿早已展開製作。在此便要介紹這類雖然委託今石老師繪製完成，但隨著商品取消發售，也就一直沒有機會對外發表的包裝盒畫稿。這些可都是非常寶貴的資料呢。

草稿

畫稿

**龍裝劉備鋼彈＋白銀流星馬＆
雷裝張飛鋼彈＋白銀流星馬＆
鬼牙裝關羽鋼彈＋白銀流星馬
3人套組**

這張畫稿是配合劉備、關羽、張飛的3人套組商品用包裝盒繪製。雖然為了將3名角色設置得恰到好處，然而這款商品終究還是取消發售。起初原本是設想成讓劉備位於中央，張飛與關羽分別位於左右兩側的構圖。由於零售版劉備的原畫並非今石老師擔綱繪製，這也是他第一次繪製龍裝形態的劉備呢。

草稿

畫稿

**周瑜百式**

這張畫稿並非為了搭配戰馬的套組商品，而是設想以零售單一角色形式推出的包裝盒畫稿。周瑜本身的造型沒有任何更動，不過瞳孔配合動畫版表現，添加較多高光效果。雖然起初也有畫出白爪弓，但最後完稿時僅保留白虎刀。

原畫

## 龍裝劉備鋼彈

這是原本打算零售騎馬衝撞戰中的劉備，於是才繪製的包裝盒畫稿。原訂以更換武器的形式推出，但終究未能順利發售。雖然商品中的武器形狀有些更動，但基本上只是以必殺技星龍斬的出招狀態為藍本，刻意凸顯星形特效。

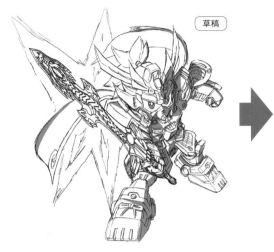

草稿

畫稿

## 紅蓮裝曹操鋼彈

這也是原本打算推出零售版本才繪製的曹操用包裝盒畫稿。騎馬衝撞戰是一種要將對手撞出界的遊戲，因此為手持武器設計了各式各樣長度超出戰馬的造型。

草稿

畫稿

## 猛虎裝孫權鋼彈

這也是原本打算推出零售版本而繪製的孫權用包裝盒畫稿。配合附屬武器的特效形狀，畫稿中也繪製出如同畫圓般的刀路。這畢竟不是以BB戰士名義發售的角色，因此就令石老師筆下畫稿來說可是相當罕見呢。

畫稿

草稿

# No.6 SUSUMU IMAISHI TECHNIQUE CATALOG
# 漫畫世界

漫畫世界為刊載於BB戰士組裝說明書上的作品，可說是今石老師的代名詞之一，現今發售的BB戰士裡當然也還有刊載喔。

## 漫畫世界是如何畫出來的 電腦繪圖Ver.

BB戰士問世至今已有超過30年的歷史。今石老師多年來也持續為每款商品繪製漫畫，使用器材亦從手工繪圖進展到電腦繪圖的境界，就連製作方式也有所改變。在此要以運用許多電腦繪圖手法來呈現的漫畫世界為主旨，介紹隨著改以電腦繪圖後的變化，以及和手工繪圖時代差別什麼差別的部分，藉此說明今石老師是如何繪製出漫畫世界。就感覺上來說可說是「和以前相差無幾，簡直到讓人嚇一跳的程度」，究竟今石老師繪製手法的奧妙何在呢？

### 睽違22年的後續發展!!

以下2回是1990年繪製的漫畫世界。相當於騎士鋼彈第1回的是PART37，等同最後一回的則是PART66。這次作為例子介紹的章節，其實正是PART66的後續發展喔。

### 草稿

這份草稿是基於「既然都改用電腦來畫，就該畫些手工做不到的事情才對！」的概念繪製。接下來要介紹的這1回，可說是最適合用來闡述前述的想法呢。

### 線稿

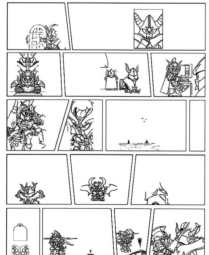

### 上色（角色）

### 上色（背景）

基本上，到線稿完成的階段其實和手工繪製時代沒什麼不同，還是得親手描繪才行。線稿完成後就掃描圖檔，以便在電腦裡上色。這部分是按照角色、背景的順序來上色。為了方便後續的數位加工，除了對話框之外，留白的部位其實還不少。

## 電腦繪製漫畫
## 才能達到的效果

以手工繪圖時代來説，所有的特效都得透過先繪製、再剪貼的方式才能呈現，不過到了電腦繪圖時代，這類作業只要用複製＆貼上就能輕鬆完成。

### 複製＆貼上

### 渲染

  合成 ＋

### 移動濾鏡

### 入字

## Check it!!

### WEB 獨家公布 漫畫世界

2012 年配合傳奇 BB 系列發售，除了原本刊載在組裝説明書上的漫畫世界之外，亦推出了僅在 WEB 上刊載的全新繪製版漫畫世界。WEB 版內容是以介紹組裝説明書版未能提及的額外故事和角色來歷為主。

# 附加收錄

接下來要介紹今石老師在工作之餘設計的造型。
雖然這些並非官方的設計案,卻對戰國傳日後的
發展造成莫大的影響。

ワワサタ
▽と○で
構成

大將軍　雷鳳

示意草稿

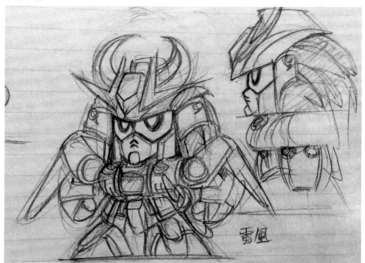

雷鳳

## 雷鳳頑駄無

這是今石老師根據《天下統一篇》僅提到的名字,隨手畫出第2代大將軍
晉升之前的面貌作為筆記留存。到了2014年時,雖然決定配合推出傳奇
BB版第2代大將軍,而一併在商品中重現這個模樣,但今井老師認為該
造型與大將軍形態過於相近,因此委託橫井老師重新設計。接著又以橫井
老師繪製的草稿為藍本,交由寺島老師完成商品設計案。

製作商品用
示意草稿

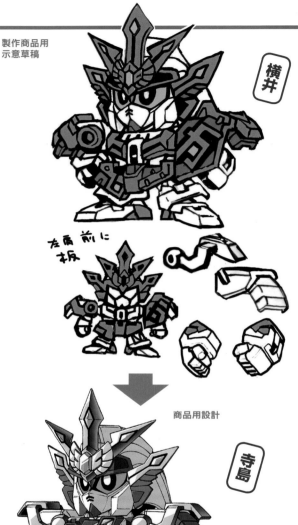

橫井

左兩前に板

商品用設計

寺島

0明兜ディテール

よこ　ヒジ側

(凸凹さかなり強調しています)

隼王天

## 隼王天

隼王天在《風林火山篇》的設定當中僅提
到名稱,祂是風林火山四天王之鎧原本的
持有者,為傳說中的神明。這個造型只是
今井老師將腦海中的想法具體地畫出來,
並非官方設定,不過後來戰國傳世界的神
明就是以這張草稿為藍本。

── **Creators Comment** ──

這是趁著工作之餘,設想「戰國傳世界的神明
會是什麼模樣呢?」而畫出來。原本只是塗鴉
般的草稿,結果居然對後續發展產生影響,還
真是萬萬想不到呢。

# 寺島慎也
## SHINYA TERASHIMA

寺島老師是為《SD戰國傳》和《BB戰士三國傳》等諸多BB戰士擔綱設計的設計師。在前一本書裡曾以BB戰士為中心介紹，本書則會將重心放在轉蛋戰士和迷你戰士等商品設計上。

# No.1 SHINYA TERASHIMA TECHNIQUE CATALOG
## 轉蛋戰士的圖面與設計

要製作立體商品，正面和背面的畫稿自然不可或缺，但為了更容易理解造型，有時會進一步繪製三視圖。不過若是遇到連三視圖都難以掌握的複雜形狀時，就得繪製其他輔助用的補充圖稿。

### 暗黑大將軍

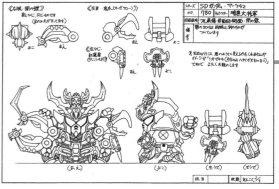

## └ 三視圖

1991年由寺島老師繪製的轉蛋戰士用三視圖。雖然從這個時期開始採用搭配三視圖的形式進行製作，不過遇到零件數量較多、分量較大的角色，導致1張圖容納不下所有設計時，就得多畫2、3張説明得更完整才行。

### 超戰士鋼彈小子

自1989年起在《BOMBOM漫畫月刊》上連載的漫畫作品。故事內容是利用經改造的鋼彈模型進行對戰，有許多當時深受喜愛的SD鋼彈登場。

**Creators Comment**

當時會在彩頁上刊載利用BB戰士等套件改造而成的範例，因此亦會配合這類範例繪製圖面。

### 暗密將軍

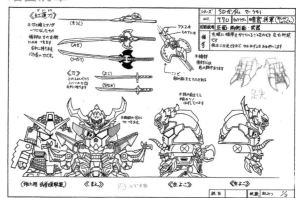

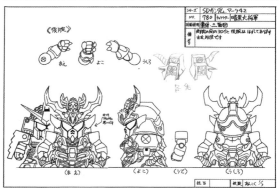

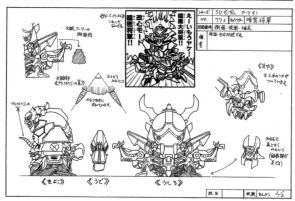

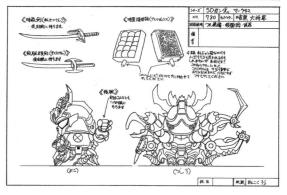

### 圓桌騎士篇

自1991年起推出的SD鋼彈外傳系列第2部長篇作品。寺島老師也是自該年度起參與SD鋼彈的設計，多半是負責將橫井老師設計的角色繪製成轉蛋戰士用圖面。在這部作品中，寺島老師不僅從旁協助橫井老師繪製圖面，亦經手設計眾圓桌騎士持拿的武器等項目。

### 國王鋼彈Ⅱ世

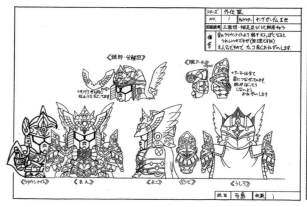

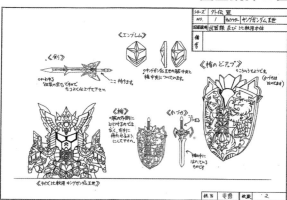

## 聖機兵物語

SD 鋼彈外傳系列的第3部長篇作品。包含遊走於敵我雙方之間的傭兵戰神鋼彈、相對於鋼雷克斯的另一架聖機兵露雷克斯等角色在內，亦是先由橫井老師設計，再交由寺島老師繪製圖面。圖面中會添加許多細部說明，這也是寺島老師的特色，用意在於藉由文字傳達難以純粹從圖片掌握的角色個性。

## 機甲神傳說

SD 鋼彈外傳系列的第4部長篇作品。在前作遭魔之盾附身，成為敵人的命運三騎士之一GP02，以及他藉由該盾魔力巨大化後的面貌原子鋼彈，兩者的圖面均是由寺島老師繪製。由於原子鋼彈的背面組件也很龐大，因此動用3張圖面來分別繪製出各個零件。

### 戰神鋼彈

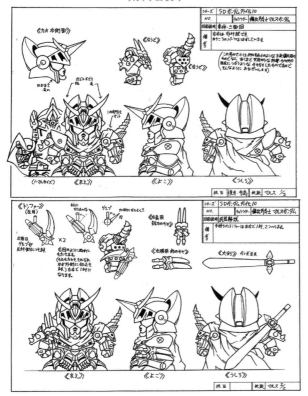

### 戰神鋼彈（新吉翁造型）

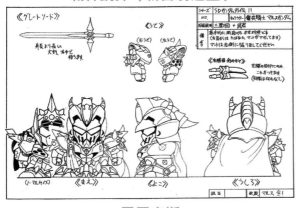

### 露雷克斯

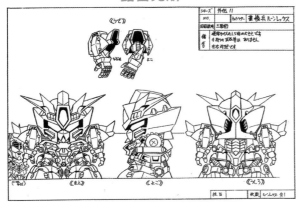

### 大魔騎士原子鋼彈

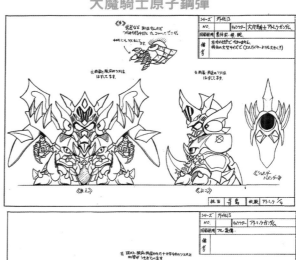

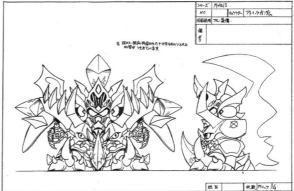

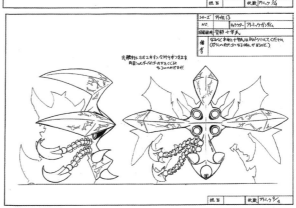

### 重騎士鋼彈 GP 02

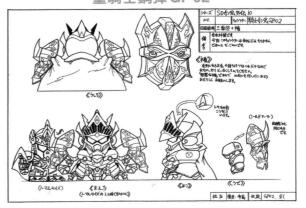

## 魔龍劍士零式鋼彈

相當於SD鋼彈外傳系列第5部長篇作品，亦即《騎士鋼彈物語》的第3作《龍之繼承者》中登場的主角零式鋼彈。由於尖角的角度、細部結構的起伏等處難以憑藉三視圖就掌握確切的形狀，因此另行繪製了透視構圖畫稿。

圖面

透視圖

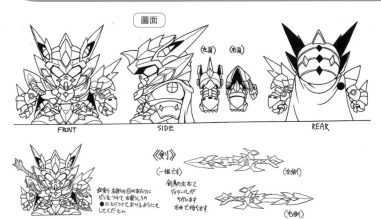

## 幻魔王鉗鋼彈

鉗鋼彈不僅是零式鋼彈的宿敵，亦是他的父親。這幾張圖面和透視圖是第2作《幻魔王的挑戰》的版本。大致的角色設計是由橫井老師繪製，寺島老師再根據這些畫稿繪製出透視圖和圖面。

圖面

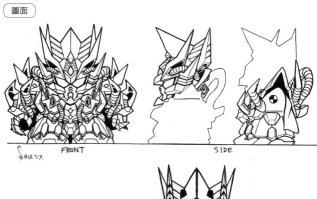

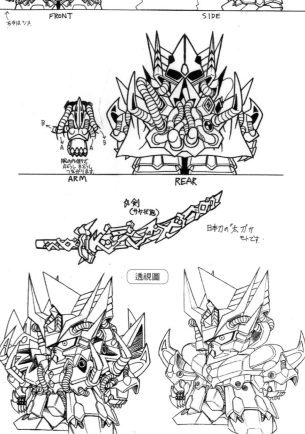

透視圖

## 龍騎士隼式鋼彈

鉗鋼彈在第3作《龍之繼承者》中從鉗狼蛛的詛咒下解放後，以零式之父現身時的模樣。和鉗鋼彈一樣，這張圖稿也是出自寺島老師之手。

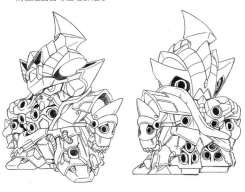

## 幻魔王鉗鋼彈

第3作《龍之繼承者》版鉗鋼彈的圖面和透視圖。由於和卡片畫稿的作業幾乎同步進行，因此是以橫井老師筆下的設計草案為基礎，由寺島老師繪製透視圖，橫井老師再參考透視圖繪製出卡片畫稿的動作。設定圖稿的雛形，正是出自橫井老師之手的卡片畫稿草圖。

圖面

透視圖

## 幻魔皇帝突擊殲滅

騎士鋼彈物語的大魔王，為暗中操控鉗鋼彈的幕後黑手。雖然是以V2鋼彈突擊殲滅型為造型藍本，卻也詮釋成樣貌駭人的怪物。亦加入背部龐大的殲滅鉗狼蛛可與護盾合體之類得提案，有著諸多轉蛋商品特有的玩法呢。

圖面

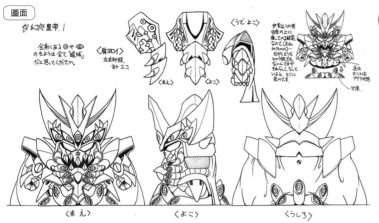

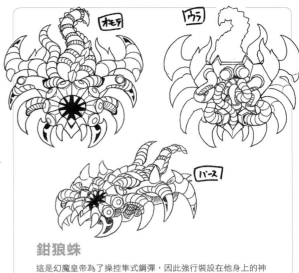

### 鉗狼蛛

這是幻魔皇帝為了操控隼式鋼彈，因此強行裝設在他身上的神祕生命體。雖然繪製可用來製作轉蛋戰士的圖面和透視圖，但終究未能推出立體商品。

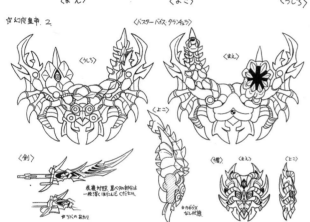

有著如同觸手般的腳（台座）、遍布全身的眼珠狀結構等複雜造型，要是沒有透視圖，其實很難掌握立體造型究竟是什麼模樣呢。

Creators Comment

即使背部被披風遮住了，卻也還是花了比一般角色多好幾倍的時間呢。

圖面

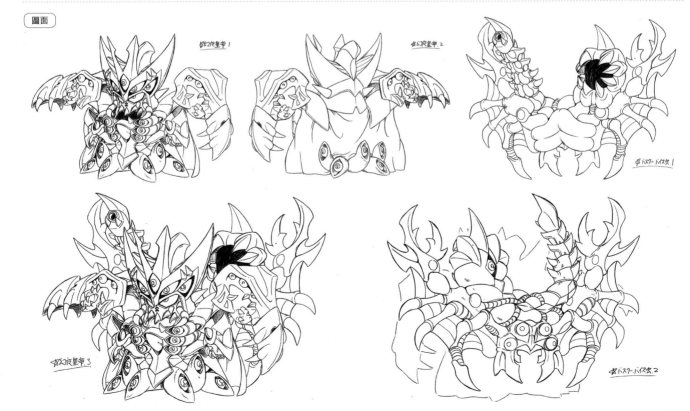

# No.21 SHINYA TERASHIMA TECHNIQUE CATALOG
## BB 戰士、迷你戰士的設計

繼 BB 戰士後，1992 年時推出了更易於組裝的低價位版品牌「迷你戰士」。這也是主要設計工作由今石老師交棒給寺島老師的時期。

**神祕騎士新鋼彈**

## BB 戰士 SD 鋼彈外傳

BB 戰士系列也有發售以騎士鋼彈為首的 SD 鋼彈外傳主要角色。雖然前作《聖機兵物語》僅透過迷你戰士發售少數角色，不過自《機甲神傳說》起，則是推出可和迷你戰士搭配把玩的 BB 戰士。

## 機甲神艾爾蓋亞

BB 戰士版艾爾蓋亞可將迷你戰士版新鋼彈收納於體內，尺寸也就製作得比一般 BB 戰士更大一些。為了與「元祖 SD 鋼彈」的商品作出區別，因此刻意將頭身比例縮減成合乎 BB 戰士風格的設計。

**構圖案**

## 假面騎士 月神鋼彈

這張構想案用草稿，畫的是只要更換頭盔和臂部，即可重現由新鋼彈兄長月神鋼彈變裝成的假面騎士。機構面上也運用到兩者是雙胞胎兄弟的設定呢。

**Creators Comment**

為了營造出巨大感，亦有提出視線是往下看的方案。

**筆刷上色畫稿**

**草稿**

**原畫**

## 包裝盒畫稿

自此時期開始，從今石老師身上接手包裝盒畫稿的原畫工作。在初期草稿中提出較為穩重的架勢，以及較為豪邁的兩種方案。

## 聖龍機戰神龍騎兵

BB戰士版龍騎兵能夠由魔龍模式變形為覺醒模式，並配備聖鎧構成戰神龍騎兵。在發售時期晚於元祖SD鋼彈版商品的條件下，設計成單一商品即可連同最後形態一併呈現的規格。受到這點影響，原本應該收納在體內的零式鋼彈也就改為另外零售。由於設計作業與元祖SD鋼彈版商品是同步進行，因此設計草案其實是參考元祖的準備稿繪製而成。

設計草案

龍機龍騎兵（魔龍模式）　　龍機龍騎兵（覺醒模式）　　　　　　　聖龍機戰神龍騎兵

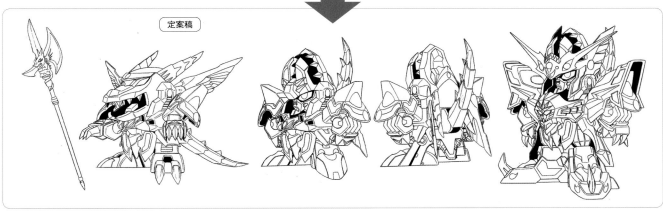

定案稿

## 聖龍騎士
## 零式鋼彈 Jr.

迷你戰士版零式鋼彈不僅可供BB戰士版龍機龍騎兵收納在體內，亦配合可呈現戰神龍騎兵形態，設計出最終形態的聖龍騎士面貌。至於披風則是剪下商品組裝說明書上的圖片加以呈現。

**Creators Comment**

雖然為了轉蛋戰士版零式鋼彈而繪製出各形態的模樣，不過在塑膠模型上想要用少數零件重現其造型獨特的頭盔，還是頗有難度呢。

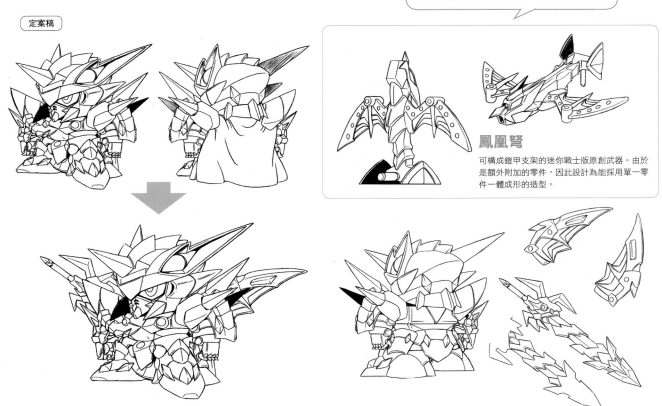

定案稿

鳳凰弩

可構成鎧甲支架的迷你戰士版原創武器。由於是額外附加的零件，因此設計為能採用單一零件一體成形的造型。

## 迷你戰士

BB戰士約在1990年升級規格,基本價位也隨之調整為500日圓,為了讓早期BB戰士價位帶的300日圓產品線復活,因此在1992年推出迷你戰士。該系列首作鋼烈焰是由今石老師設計,後來交由寺島老師擔綱。為了壓低價格,這系列採用共通骨架──迷你骨架,藉此裝設頭部、臂部、鎧甲等部位的規格。

## 騎士鋼彈 GP 01 Jr.

SD鋼彈外傳第3部長篇作品《聖機兵物語》的主角。商品比照第2章節,製作成獲得認可成為聖機兵的操手,並獲賜神聖鎧甲的面貌。橫井老師在設計階段曾設想過肩甲的可動機構,可惜在轉蛋戰士上未能重現,不過這款迷你戰士倒是採用該構想。

設計草案

## 隊長方程式 91 Jr.

《SD捍衛戰記Ⅱ鋼彈軍團 SUPERGARMS》的主角。這個面貌是隊長鋼彈覺醒為守護銀河的第91號戰士而成,還能變形為聖獸星際鷲獅。這款迷你戰士也設計成可替換組裝,呈現簡易變形機能的形式。

定案稿

變形

## 城主鋼彈 EX Jr.

這是在電視雜誌舉辦的排行票選中勝出,於是製作成第10款迷你戰士的商品。在SD鋼彈單元中擔任說明角色的城主鋼彈榮獲票選第一名後,製作成備有原創鎧甲的城主鋼彈EX。考量到若是加上搭檔巨無霸,分量會超過商品本身的上限,因此亦有提出改搭配其子小巨無霸的構想。

設計草案

定案稿

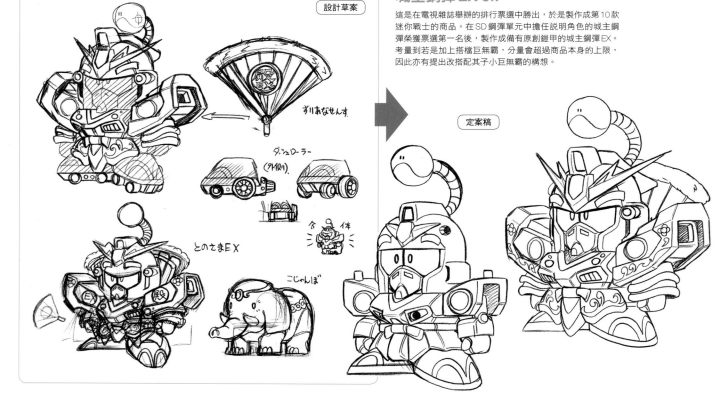

## 迷你戰士原創角色票選用設計

為因應第10款迷你戰士角色票選活動設計的原創角色。除了城主鋼彈以外，另外兩名角色都是純粹配合票選活動才設計，因此也具備摸索迷你戰士和BB戰士今後發展方向的機構和角色特性。在造型藍本方面，當然也選擇當時最新的GP03，以及熱門機體S鋼彈。

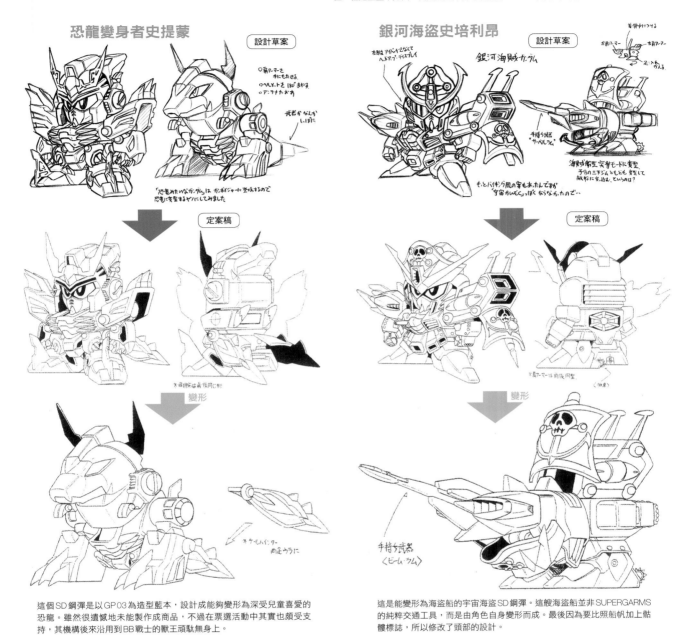

### 恐龍變身者史提蒙

恐龍變身者史提蒙 設計草案

定案稿

變形

這個SD鋼彈是以GP03為造型藍本，設計成能夠變形為深受兒童喜愛的恐龍。雖然很遺憾地未能製作成商品，不過在票選活動中其實也頗受支持，其機構後來沿用到BB戰士的獸反頑駄無身上。

### 銀河海盜史培利昂

設計草案

定案稿

變形

這是能變形為海盜船的宇宙海盜SD鋼彈。這艘海盜船並非SUPERGARMS的純粹交通工具，而是由角色自身變形而成。最後因為要比照船帆加上骷髏標誌，所以修改了頭部的設計。

# ✚ **Check it!!** ✚

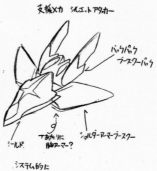

## 太空攻擊機 RX-F91

這是作為迷你戰士原創SD鋼彈而設計的角色。有著裝備類配件，可合體為支援機的標準機構。

## 迷你戰士
## 未商品化的設計案

BB戰士系列是以推出《SD戰國傳》的角色為主，亦曾設想過透過迷你戰士系列發售《SD鋼彈外傳》、《SD捍衛戰記》、《鋼德勇士》、《SD時空傳》等其他世界角色的模式。配合已推出商品的騎士GP01和隊長鋼彈FF（自由鬥士）等角色，其實亦設計過可供並列陳設的同作品角色。

重騎士鋼彈GP02

傭兵騎士戰神鋼彈

吟遊騎士紅戰士R

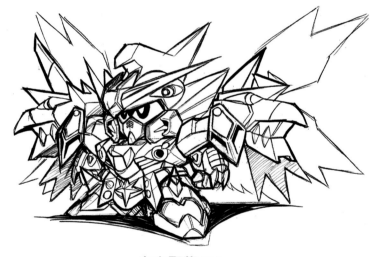

光之聖龍EX

鋼等離子

鋼暗影

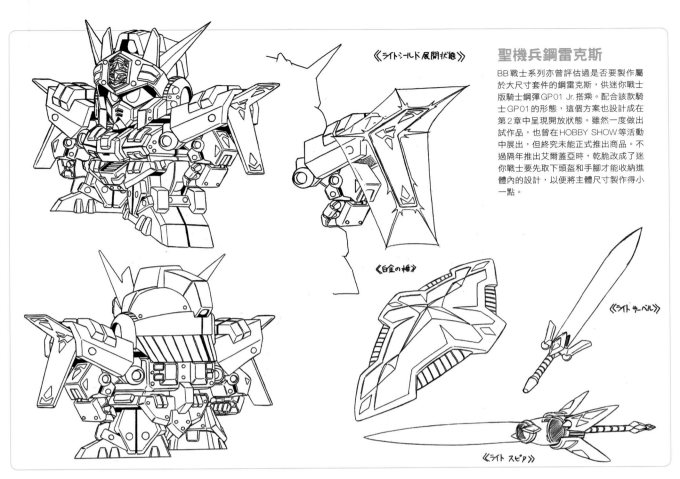

《ライトシールド展開状態》

《白金の楯》

《ライトサーベル》

《ライトスピア》

## 聖機兵鋼雷克斯

BB戰士系列亦曾評估過是否要製作屬於大尺寸套件的鋼雷克斯，供迷你戰士版騎士鋼彈GP01 Jr.搭乘。配合該款騎士GP01的形態，這個方案也設計成在第2章中呈現開放狀態。雖然一度做出試作品，也曾在HOBBY SHOW等活動中展出，但終究未能正式推出商品。不過隔年推出艾爾蓋亞時，乾脆改成了迷你戰士要先取下頭盔和手腳才能收納進體內的設計，以便將主體尺寸製作得小一點。

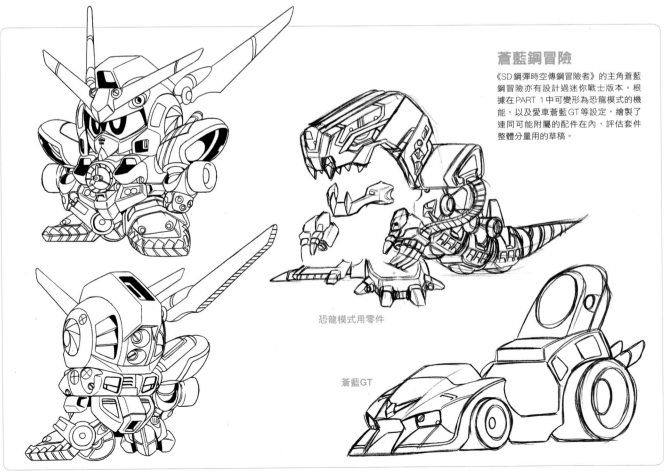

恐龍模式用零件

蒼藍GT

## 蒼藍鋼冒險

《SD鋼彈時空傳鋼冒險者》的主角蒼藍鋼冒險亦有設計過迷你戰士版本。根據在PART 1中可變形為恐龍模式的機能，以及愛車蒼藍GT等設定，繪製了連同可能附屬的配件在內，評估套件整體分量用的草稿。

## BB戰士
## 鐵機武者鋼丸

1995年作品《新SD戰國傳 超機動大將軍》中登場的武者。設計的首要目標,正是沿襲前作備受注目的SD形態變形為擬真形態機能,並且進一步落實到標準尺寸的武者上。由於身體內部不著收納迷你戰士,因此成功地在維持帥氣體型的情況下縮減了尺寸。

設計草案

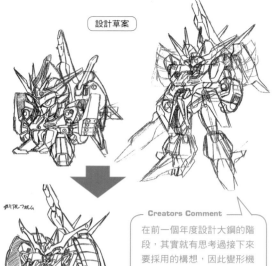

變形機構的說明圖。為了達成能更換頭部和身體伸縮的需求,非得將整體設計成可拆解開來的形式不可,因此將這名角色設定為人造武者。

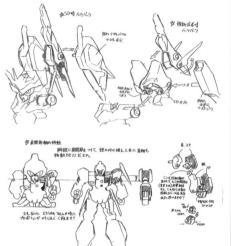

### Creators Comment

在前一個年度設計大鋼的階段,其實就有思考過接下來要採用的構想,因此此變形機構在初期草稿階段就幾乎已經定案了。

主體造型、機構面定案後,就是針對對徽章造型之類作為點綴的細部設計進行調整。

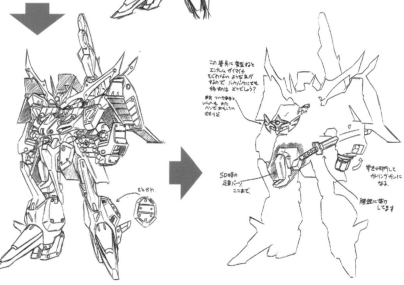

設計定案

---

### 與鬥霸五人眾之間的合體機能

為充分發揮人造武者的設定,於是設計出可將整體進一步拆解開來的方案。分離為五大組件後,即可供搭檔號斗丸等鬥霸五人眾作為強化零件使用。武者真紅主起初有著會附屬犬型支援機的構想,這部分其實也設計可和鋼丸零組件合體的機能。

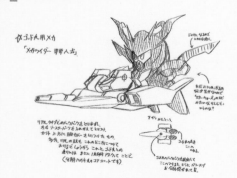

## BB戰士
## 擊流破頑馱無

這是以1996年作品《超SD戰國傳 武神輝羅鋼》外傳角色形式發售的BB戰士。在故事設定中為爆流頑馱無的弟子，亦是新任的超將軍，不過直到該系列甫結束的時間點才推出商品。同時發售的另一名超將軍大旋鬼頑馱無，則是由今石老師擔綱設計。

**設計案**　外傳角色決定採取沿用既有角色局部零件的形式來研發套件，因此擊流破便以使用爆流的零件為前提進行設計。起初為了能經由替換組裝重現其他知名配角，亦提出附屬前作角色武者熱呂宗的臉部零件這類構想。

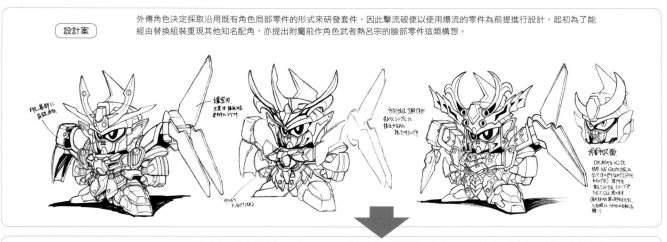

## 落實機構面的設計

採用銀色電鍍版機械狀零件的意見，將設體設計成具有機械狀細部結構的造型。亦同步設計用來掩飾前述造型的鎧甲，並且整合成展開鎧甲時才會讓銀色電鍍版機械狀身體外露的機構。到了這個階段，就已經決定並非設計成選擇式套件，而是以變形機構為主打的商品。

**設計草案**

變形

機械鎧闔起　　　　　　　　　　　　　機械鎧開啟

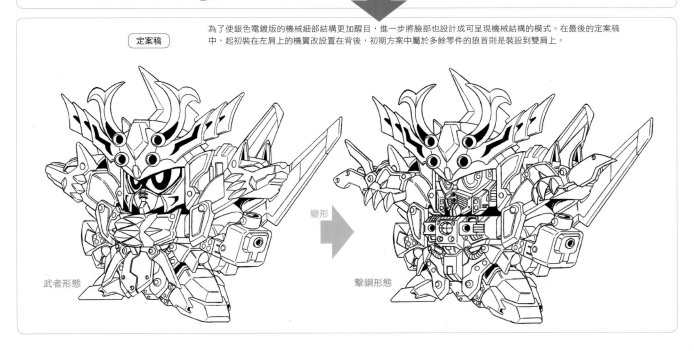

為了使銀色電鍍版的機械細部結構更加醒目，進一步將臉部也設計成可呈現機械結構的模式。在最後的定案稿中，起初裝在左肩上的機翼改設置在背後，初期方案中屬於多餘零件的狼首則是裝設到雙肩上。

**定案稿**

變形

武者形態　　　　　　　　　　　　　　擊鋼形態

## BB戰士G機具
## SD大戰艦篇

1995年推出的BB戰士系列。雖然採用內含可變形為戰艦的大尺寸BB戰士，以及尺寸比迷你戰士更小，可搭乘在戰艦上的迷你MS，共2架的套組商品形式，不過起初原本是打算比照傳統模式，將這些在TV版登場的MS設計成一般BB戰士尺寸，並附加BB戰士原創機構。接下來便要介紹這類出自寺島老師手筆的初期構想。

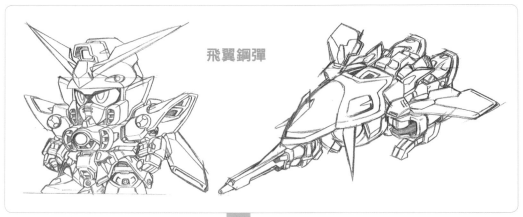

飛翼鋼彈

### 初期構想

雖然飛翼鋼彈和TV動畫一樣，能從MS形態變形為飛鳥形態，卻也追加原創的機體鋼飛鳥。能夠與鋼飛鳥合體乃是BB戰士版獨創的玩法所在。由於前作《G鋼彈》的5大鋼彈中只發售閃光鋼彈、天龍鋼彈、巨星鋼彈，以及後繼機神鋼彈這4款BB戰士，因此這次除了飛翼鋼彈之外，亦設想能讓其他幾架初期鋼彈採用雙機套組形式推出的機構案。

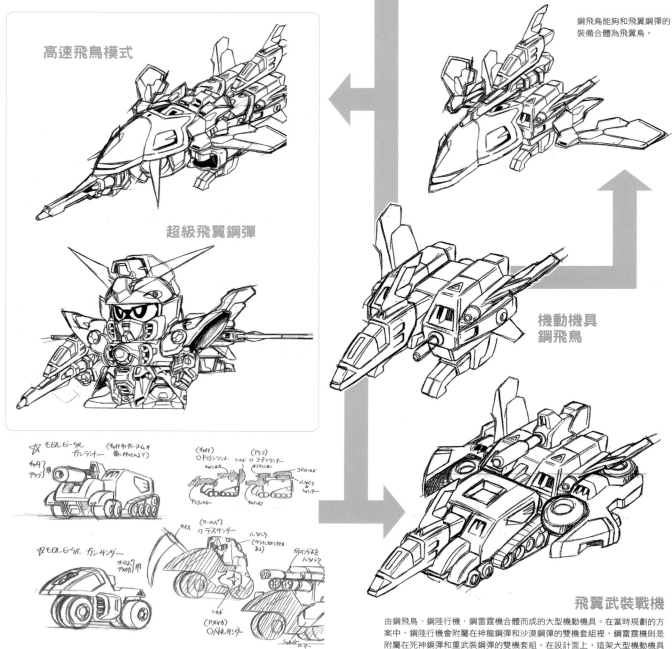

鋼飛鳥能夠和飛翼鋼彈的裝備合體為飛翼鳥。

高速飛鳥模式

超級飛翼鋼彈

機動機具
鋼飛鳥

### 飛翼武裝戰機

由鋼飛鳥、鋼陸行機、鋼雷霆機合體而成的大型機動機具。在當時規劃的方案中，鋼陸行機會附屬在神龍鋼彈和沙漠鋼彈的雙機套組，鋼雷霆機則是附屬在死神鋼彈和重武裝鋼彈的雙機套組。在設計面上，這架大型機動機具其實是發展自前作BB戰士版G鋼彈系列的核心飛車合體機構。

連同飛翼鋼彈一起繪製的同作品其
他4架鋼彈。雖然因為設想成各以
雙機套組形式推出，造型面上不免
有較為簡略之處，不過在這個階
段還是保留了屬於該機體特徵的機
構，例如重武裝鋼彈的肩部艙蓋開
啟機能、神龍鋼彈的神龍臂展開機
構。只是這個系列後來決定改用戰
艦作為設計概念，4架鋼彈的設計
也就僅止於這個階段。

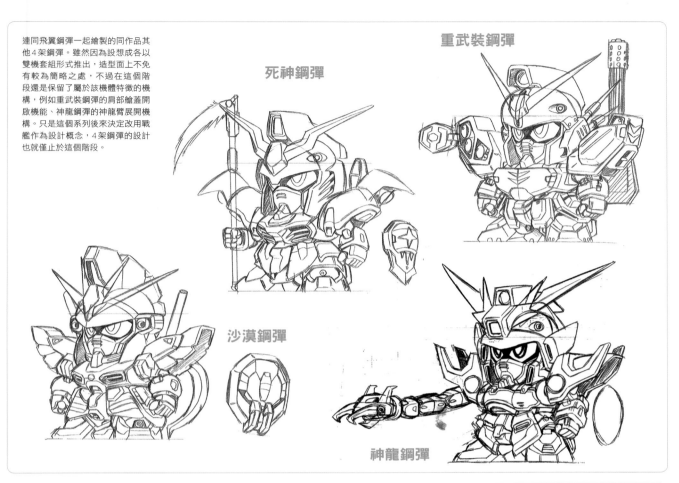

死神鋼彈

重武裝鋼彈

沙漠鋼彈

神龍鋼彈

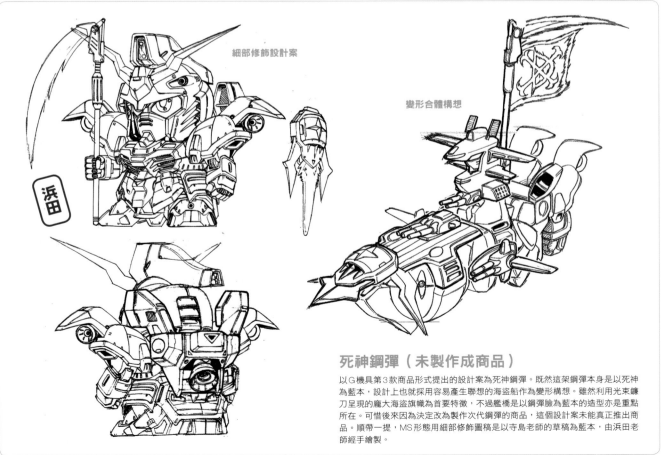

細部修飾設計案

變形合體構想

浜田

死神鋼彈（未製作成商品）

以G機具第3款商品形式提出的設計案為死神鋼彈。既然這架鋼彈本身是以死神
為藍本，設計上也就採用容易產生聯想的海盜船作為變形構想。雖然利用光束鐮
刀呈現的龐大海盜旗幟為首要特徵，不過艦橋是以鋼彈臉為藍本的造型亦是重點
所在。可惜後來因為決定改為製作次代鋼彈的商品，這個設計案未能真正推出商
品。順帶一提，MS形態用細部修飾圖稿是以寺島老師的草稿為藍本，由浜田老
師經手繪製。

## No.3 SHINYA TERASHIMA TECHNIQUE CATALOG
# 鋼彈創鬥者 潛網大戰

這部TV動畫於2018年首播，故事內容是以利用鋼彈模型進行對戰的網路遊戲為舞台。神祕忍者菖蒲是在本作品中登場的潛網者之一，她所使用的SD鋼彈正是由寺島老師設計。

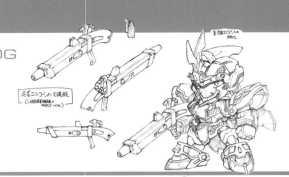

設計草案

設計草案

**Creators Comment**

雖然造型尚未定案，不過已經決定會推出輔助用的轉蛋模型，因此提出在故事裡能如何運用的構想。

### RX-零丸

以獨角獸鋼彈為造型藍本的忍者MS。雖然已經決定日後會真正加入主角團隊，不過一開始是以敵人的身分登場，所以設計了身為友軍時是SD形態，以敵人身分行動時是擬真形態的兩種面貌。委託案中還提到希望SD形態能夠有可以與主體個別行動的支援機，於是也就往這個方向設計出整體。

**Creators Comment**

為了保留能夠從獨角獸模式變身為破壞模式的特徵，因此僅設計較為簡潔的變形機構。

定案稿

在開會討論時，有人提出不妨連顏色一併改變這種有意思的構想，因此便設計成剛登場的階段、變身前後的主體色會顯得不同，而且還能戴上鬼面具讓造型看起來像是報喪女妖。正式成為創鬥潛網者隊的夥伴後，配色則是和一般的獨角獸鋼彈，一樣以白色為主體。

配色定案稿

## RX-零丸（最終決戰Ver.）

為了與自第23集起二度成立的抗霸聯盟展開最後決戰，因此對零丸施以改良而成的新面貌。設計上是以獨角獸鋼彈的最後決戰規格為造型藍本，也能利用神氣結晶Ver.這款商品的零件來呈現此造型。

設計草案

配色方案

定案稿

## RX-零丸 神氣結晶

零丸的強化版本。既然是獨角獸鋼彈的強化形態，也就以全裝甲型獨角獸鋼彈作為造型藍本。擬真形態當然亦是以長出光之結晶體的獨角獸鋼彈為藍本。

設計草案

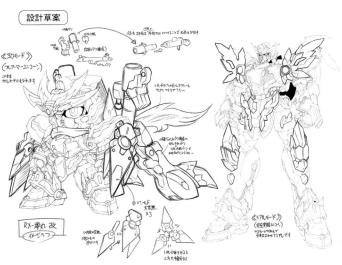

**Creators Comment**

雖然當初並沒有打算安排強化形態登場，不過在設計初期階段就設想到日後可能會強化成全裝甲形態，也就預留了這方面的擴充空間。

配色定案稿

## 羈絆鋼彈

這是菖蒲原有部隊的象徵,因此設計成如同機兵般龐大的SD鋼彈。該部隊原本就是由喜愛SD的潛網者所組成,為了表現出匯集各方SD世界於一身的概念,於是設計成機體各部位有不同代表要素的造型。整體不僅是以10週年紀念時的鋼彈X-10為藍本,造型上也刻意與後來在同作品中登場的震撼鋼彈建立起關聯性。

設計草案

定案稿

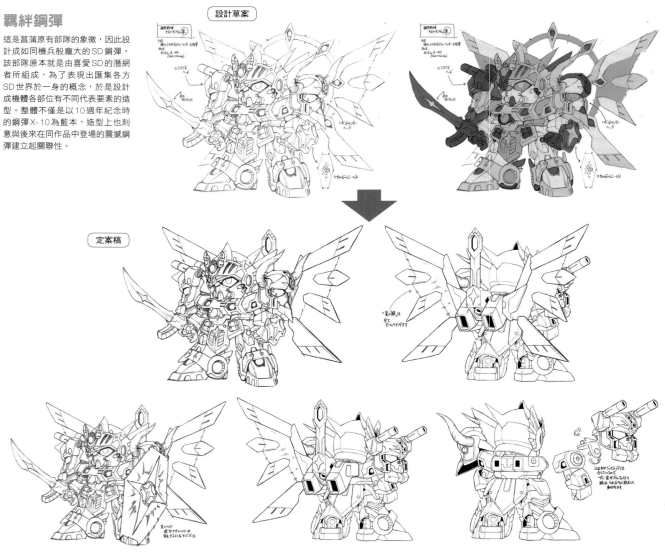

## ✚ Check it!! ✚

### 鋼彈X-10

這是為了紀念SD鋼彈10週年,於是由浜田老師設計的鋼彈。既然是10週年紀念角色,機體各部位也就設計以當時五大SD世界為藍本的頭部造型。胸口處為捍衛戰記、右肩為騎士、左肩是武者,至於推進背包則是鋼德勇士和鋼冒險者。這個角色後來也透過轉蛋「SD鋼彈R」系列發售立體商品。

10th ANNIVERSARY SD GUNDAM.

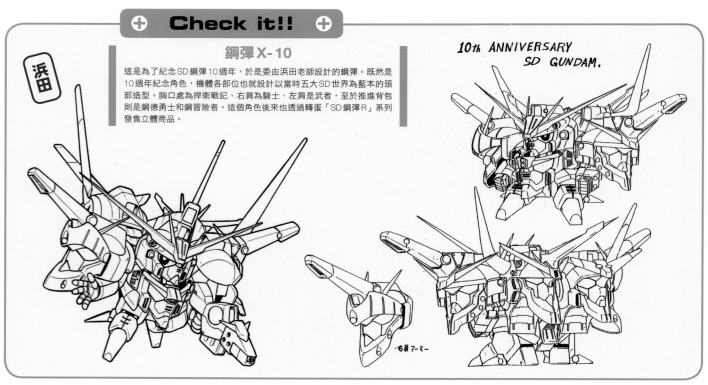

# 005 | 浜田一紀

## KAZUKI HAMADA

SD鋼彈系列中世界觀最為獨特的《鋼德勇士》系列，正是出自這位設計師之手。接下來不僅要回顧推展約4年之久的《鋼德勇士》系列在設計上有著哪些變遷，亦一併介紹同樣由浜田老師經手的BB戰士G機具的相關設計。

# 鋼德勇士的設計

這個系列是從電影《時空英豪》獲得靈感。屬於造型特徵所在的有機生物風格尖角等部位，相當適合運用軟膠材質呈現，因此鋼德勇士系列與作為主要推展媒介的轉蛋戰士可說是絕佳搭配。

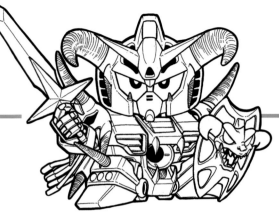

## 鋼德勇士 闇之啟示錄

這是自1990年起推出的《鋼德勇士》系列首作。故事描述為了收集降臨到傳奇大陸「鋼德蘭達」上的5顆星辰，主角鋼德勇士踏上旅程，不僅一路結識各方夥伴，更合力對抗企圖掌控這塊大陸的紅色盜賊團。商品形式為每顆單價100日圓的轉蛋內含1個軟膠玩偶，屬於當時標準尺寸的轉蛋戰士。

設定圖稿

### 鋼德勇士

鋼德蘭達大陸上鋼德勇士領的領主，亦是本作的主角。造型藍本為RX-78，在設計上採用鋼德勇士系列獨具的有機生物風格尖角、從頭部背面延伸的冷卻管線，以及腹部如同吸氣機構的龍顎等要素。由於這張畫稿是轉蛋戰士用的設定圖稿，因此連玩偶上會重現的背面造型等細部也一併繪製出來。

— **Creators Comment** —

日後另有以ν鋼彈®為造型藍本的角色登場，因此命名為新生（new）或許不太妥當呢……。

圖稿原畫

### 新生鋼德勇士

鋼德勇士獲得強化後的面貌。這張畫稿是為了供轉蛋機宣傳紙卡和收藏卡使用，因此特地繪製成具有動感的架勢。

※譯註：希臘字母ν的發音為「nu」，讀起來與「new」相同。

圖稿原畫　　　　　　　　　　　　　　　　設定圖稿

### 鋼德勇士 G

這是正義之心得到神的認可，令新生鋼德勇士獲得強化的面貌。右手持拿的雷王劍正是終極兵器「鬼龍破碎砲」的啟動鑰匙。為了讓鋼德勇士的外觀在強化後能有顯著差異，因此尖角造型在每次強化都會有所不同。

**鬼龍破碎砲**　鋼德勇士等5人使用的終極兵器。強化為G的5人必須動用各自專屬佩劍才能啟動，還能供5人一同搭乘的龐大兵器。
雖然受限於尺寸較大，轉蛋戰士系列終究未能推出這挺武器，不過在設計時還是有畫出可供裝設5柄佩劍的造型。

圖稿原畫

設定圖稿

設定圖稿

圖稿原畫

**Creators Comment**

紅色盜賊團角色打從一開始就是取成從名稱上難以辨識造型藍本，純粹是日文唸起來有押韻的名字。

**庫倫剛沙薩巴爾格**

沙薩巴爾格為企圖征服鋼德蘭達大陸的紅色盜賊團頭目，這是他被色當之門散發出的神光照射到之後，獲得強化的面貌。雖然沙薩巴爾格是以沙薩比為造型藍本，不過獲得強化後，設計上也融入沙薩比以外的其他要素。

✛ **Check it!!** ✛

### 角色對比圖

首作《闇之啟示錄》登場的眾角色的對比圖。遷就於商品本身的特性，轉蛋戰士把各角色都製作成大致相同的尺寸，不過為了供漫畫和立體範例作品等需要表現出身高差異的媒體參考，因而繪製這張對比圖。當年不僅有轉蛋戰士系列的立體商品，元祖SD鋼彈等品牌也根據這張圖做出試作品，並且在玩具展之類的活動展出。

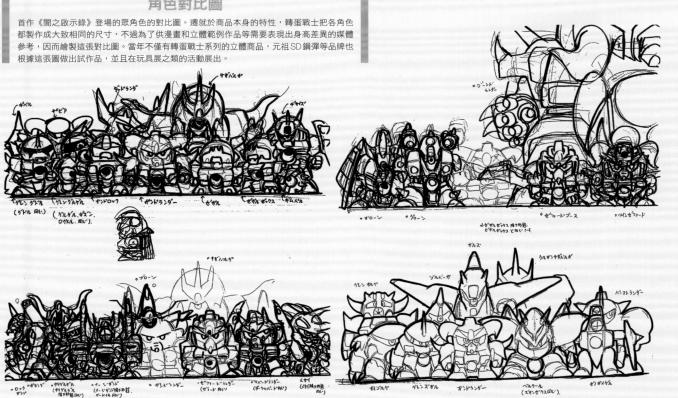

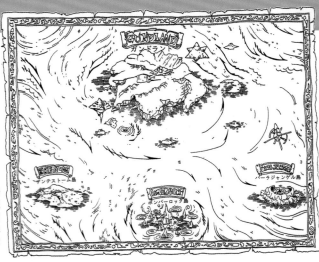

## 鋼德勇士 魔封之聖劍

《鋼德勇士》系列的第2作，為前作約100年後的故事。不過主角等人所屬的魔物剋星（簡稱為MS）這個種族在設定中相當長壽，因此對他們來說僅僅過了沒多久。新主角陣容是在先前大戰中成了孤兒的3名年輕人。這是敘述他們犯下過錯，導致γ龍復活，必須設法重新封印住魔獸的故事。

## 史培利昂勇士

為拉凱拉姆村出身的年輕人，在大戰中成了孤兒，於貢德勇士門下鍛鍊修行。由於折斷聖劍導致γ龍復活，因此踏上找尋打造全新聖劍用材料「魔封之爪」的旅程。

這是為了重新打造一柄新的聖劍，取代被折斷的聖劍，必須前往尋找素材的3大島地圖。這3大島坐落於鋼德蘭達大陸以南的位置。

## 亞雷克斯勇士

鋼德勇士領出身的年輕人。為了打造魔封之聖劍，踏上尋找魔封之角的旅程。雖然造型藍本是出自OVA作品的鋼彈，不過當時鋼彈的種類並不多，況且鋼彈NT-1亞雷克斯已經算是最新作的鋼彈，因此亞雷克斯獲選為主要角色的機會其實不少。

## 傑法德改

自古以來居住在傑法德勇士領的年輕人。為了找尋作為魔封道具的魔封之牙而踏上旅程。造型藍本和史培利昂勇士一樣源自《鋼彈前哨戰》，為該作品中的機體Z改。

---

**Creators Comment**

以這類配合故事後半設計的角色來說，因為大方向已經定案，規格上也經過改良調整，令人滿意的部分其實還不少呢。

---

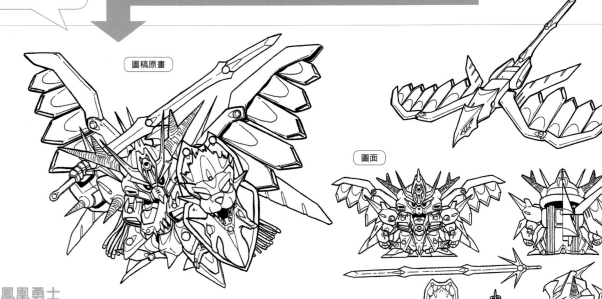

圖稿原畫

圖面

## 鳳凰勇士

這是亞雷克斯勇士、史培利昂勇士、傑法德改強化為SF（影子鬥士）後，由這3人合體而成的面貌。由於擁有一對巨大的翅膀，因此採取分為三重勇士和飛鳥勇士兩部分，並且各裝在一顆轉蛋裡的形式販售。對手巨厄龍也是需要湊齊2款轉蛋才能組成的大型商品。

### 領主 THE-O

贊提史東島的領主。為魔封之爪的持有者，由於前來尋求該
物的史培利昂勇士做出無禮行徑而被觸怒，一度展開對戰。
雖然作為造型藍本的MS，以及和史培利昂勇士交戰的舉動會
讓人覺得他是反派，但實際上並非壞人。

### 領主蓋馬克

在波巴洛克島上橫行霸道者的首領。由於持有魔封之角，因
此和前來尋求該物的亞雷克斯勇士爆發了戰鬥。這類持有魔
封道具的角色都會選擇大尺寸MS作為造型藍本，讓他們更
具頭目氣息。

### 領主昆曼沙

持有魔封之牙的芭拉珍格島女領主。以掃蕩令該處困擾的海
盜作為交換條件，將魔封之牙交給傑法德改。自本作開始，
角色名稱都取成更容易理解參考藍本的原型MS為何的形式。

設計靈感源自SUNRISE製作的特攝
電影主角機器人，將整體造型詮釋成
龍形角色。

## γ 龍　設定圖稿

圖稿原畫

## α 龍　設定圖稿

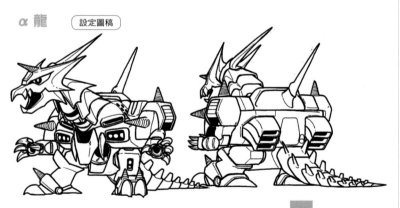

## β 龍　設定圖稿

這是過去被達德勇士和貢德勇士合力封印的怪物。
商品本身採用分為 α 龍和 β 龍兩部分，並且各裝在
一顆轉蛋裡的形式販售。兩者合體為 γ 龍後，尺寸
上確實有著值得花200日圓購買的分量。

## 鋼德勇士Ⅲ 龍之守護神

自1992年起推出的《鋼德勇士》系列第3作。不僅設計上採用較多零件來呈現,各零件也更為小巧精緻,得以充分地重現整體造型。而且除了軟膠材質,亦有局部零件採用塑膠材質來呈現,靈活地對應合體和變形等方面的需求。塑膠零件也有經過電鍍加工,搭配軟膠零件本身的成形色後也顯得更有意思。

這是輝神龍士紅勇士與闇神龍士鋼殺手展開對決的畫稿。此畫稿是為了供BANPRESTO卡片使用而繪製。

機龍士
紅勇士

紅鋼德龍

龍機神
紅鋼德龍

神龍士
紅勇士

這是在腦波傳導勇士門下修行,能使用火之魔法的本作主角。機龍士和龍機神採取各裝在一顆轉蛋裡的形式販售,可合體為神龍士。

輝神龍士紅勇士

由機龍士紅勇士Ⅱ與龍機神紅鋼德龍Ⅱ合體而成的戰士。轉蛋戰士僅將合體前的機龍士紅勇士Ⅱ製作成立體商品。

超神龍士
紅勇士

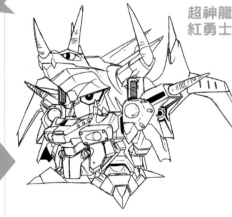
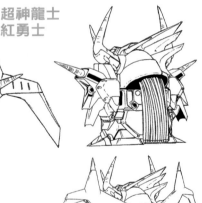

由機龍士紅勇士Ⅱ和龍機神紅鋼德龍Ⅲ合體而成的面貌,為紅勇士在《龍之守護神》中的最後形態。轉蛋戰士並非分離形態,而是以單一轉蛋商品來呈現整體造型。

超神龍士
火花勇士

為紅勇士的童年好友,也是一同修行的夥伴。這個面貌是由機龍士火花勇士Ⅱ和龍機神黃鋼德龍Ⅱ合體而成。轉蛋戰士僅將合體前的機龍士火花勇士Ⅱ製作成立體商品。

超神龍士
龍捲風勇士

由機龍士龍捲風勇士Ⅱ與龍機神藍鋼德龍Ⅱ合體而成的戰士。和火花勇士同為紅勇士的童年好友。轉蛋戰士僅將合體前的機龍士龍捲風勇士Ⅱ製作成立體商品。

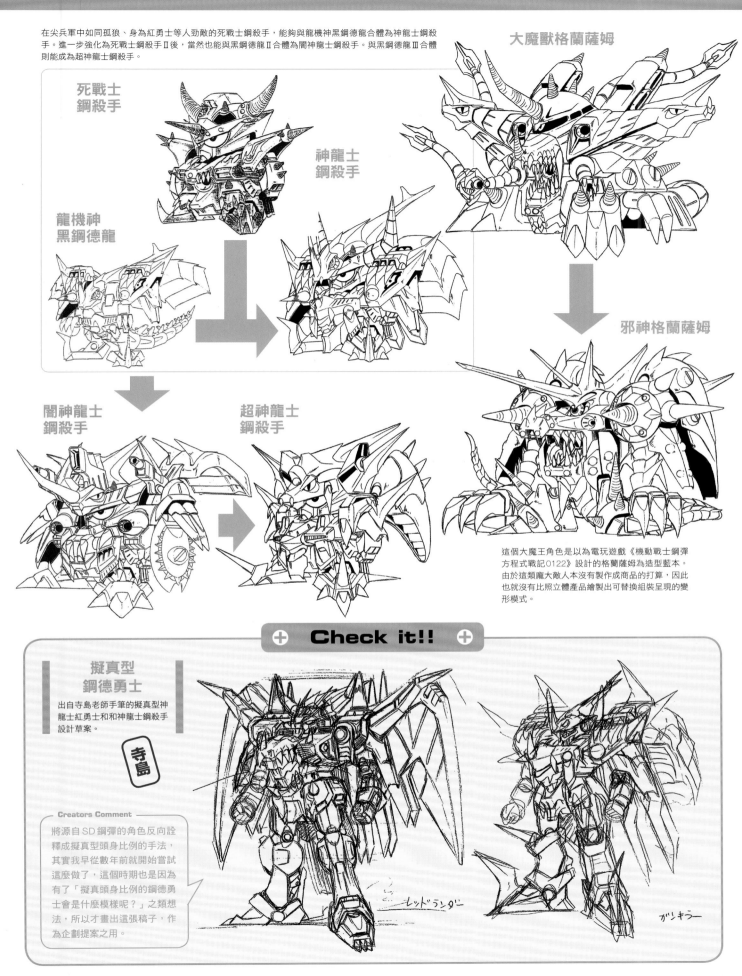

在尖兵軍中如同孤狼、身為紅勇士等人勁敵的死戰士鋼殺手，能夠與龍機神黑鋼德龍合體為神龍士鋼殺手。進一步強化為死戰士鋼殺手Ⅱ後，當然也能與黑鋼德龍Ⅱ合體為闇神龍士鋼殺手。與黑鋼德龍Ⅲ合體則能成為超神龍士鋼殺手。

死戰士
鋼殺手

龍機神
黑鋼德龍

神龍士
鋼殺手

大魔獸格蘭薩姆

闇神龍士
鋼殺手

超神龍士
鋼殺手

邪神格蘭薩姆

這個大魔王角色是以為電玩遊戲《機動戰士鋼彈方程式戰記0122》設計的格蘭薩姆為造型藍本。由於這類龐大敵人本沒有製作成商品的打算，因此也就沒有比照立體產品繪製出可替換組裝呈現的變形模式。

**＋ Check it!! ＋**

擬真型
鋼德勇士

出自寺島老師手筆的擬真型神龍士紅勇士和神龍士鋼殺手設計草案。

寺島

**Creators Comment**

將源自SD鋼彈的角色反向詮釋成擬真型頭身比例的手法，其實我早從數年前就開始嘗試這麼做了，這個時期也是因為有了「擬真頭身比例的鋼德勇士會是什麼模樣呢？」之類想法，所以才畫出這張稿子，作為企劃提案之用。

レッドランダー

ガンキラー

## SD 鋼彈
## 鋼德勇士IV
## 復活的星勇士

1993年推出的《鋼德勇士》系列第4作。故事描述格蘭薩姆令過去的各方敵人復活，就在他們和鋼德勇士等人爆發戰鬥時，星勇士地球勇士等人突然自占滿天際的索爾月球降臨，與鋼德勇士等人並肩作戰的故事。這是本系列的最後一部作品，亦揭曉了歷來各作主角群其實均是星勇士一事，可說是集本系列之大成的作品。

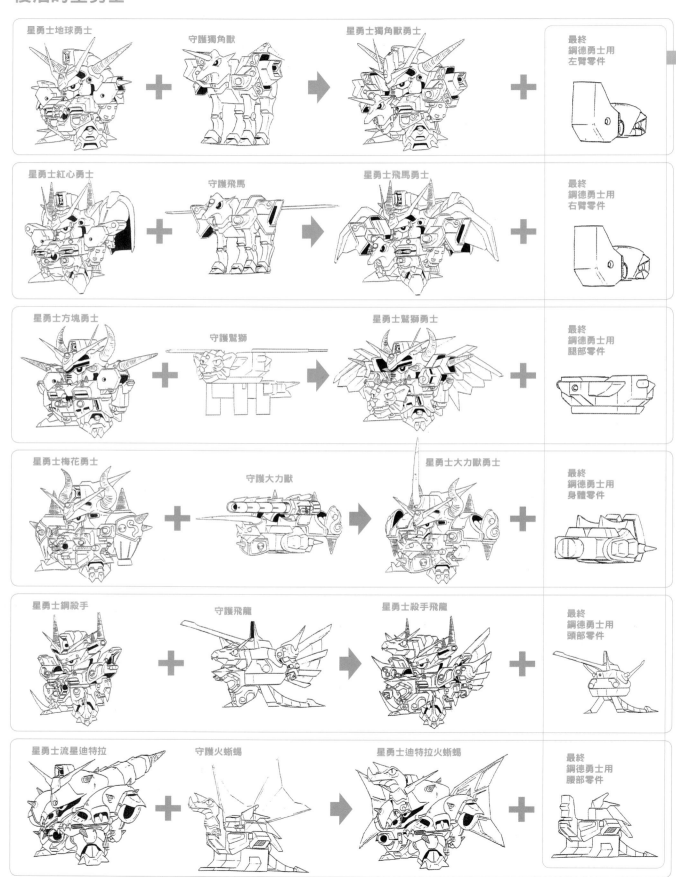

星勇士地球勇士　＋　守護獨角獸　→　星勇士獨角獸勇士　＋　最終 鋼德勇士用 左臂零件

星勇士紅心勇士　＋　守護飛馬　→　星勇士飛馬勇士　＋　最終 鋼德勇士用 右臂零件

星勇士方塊勇士　＋　守護鷲獅　→　星勇士鷲獅勇士　＋　最終 鋼德勇士用 腿部零件

星勇士梅花勇士　＋　守護大力獸　→　星勇士大力獸勇士　＋　最終 鋼德勇士用 身體零件

星勇士鋼殺手　＋　守護飛龍　→　星勇士殺手飛龍　＋　最終 鋼德勇士用 頭部零件

星勇士流星迪特拉　＋　守護火蜥蜴　→　星勇士迪特拉火蜥蜴　＋　最終 鋼德勇士用 腰部零件

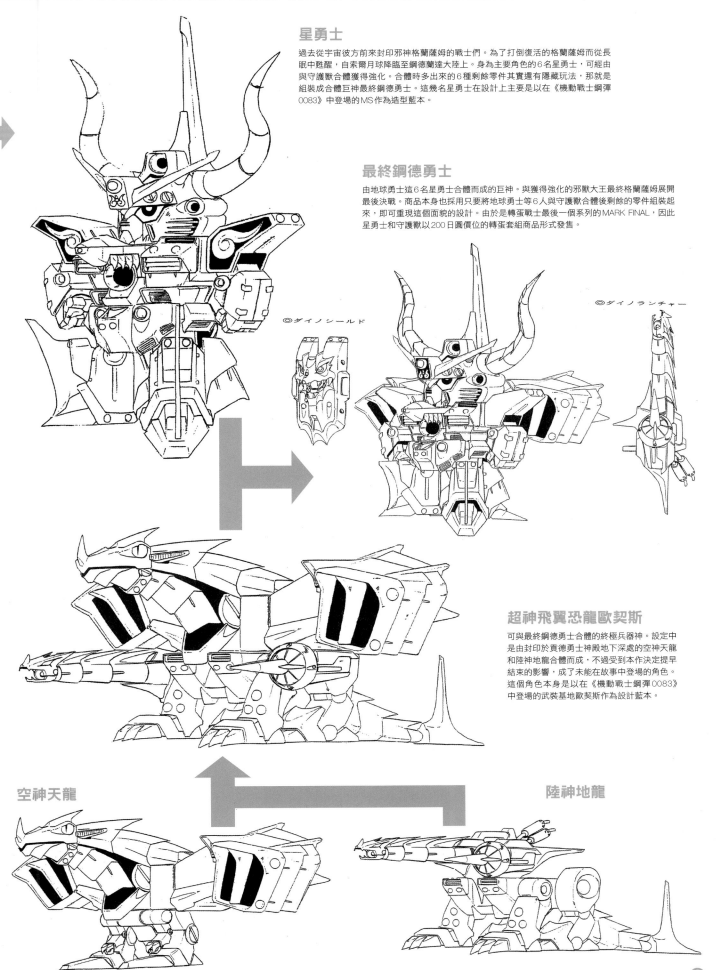

## 星勇士

過去從宇宙彼方前來封印邪神格蘭薩姆的戰士們。為了打倒復活的格蘭薩姆而從長眠中甦醒，自索爾月球降臨至鋼德蘭達大陸上。身為主要角色的6名星勇士，可經由與守護獸合體獲得強化。合體時多出來的6種剩餘零件其實還有隱藏玩法，那就是組裝成合體巨神最終鋼德勇士。這幾名星勇士在設計上主要是以《機動戰士鋼彈0083》中登場的MS作為造型藍本。

## 最終鋼德勇士

由地球勇士這6名星勇士合體而成的巨神。與獲得強化的邪獸大王最終格蘭薩姆展開最後決戰。商品本身也採用只要將地球勇士等6人與守護獸合體後剩餘的零件組裝起來，即可重現這個面貌的設計。由於是轉蛋戰士最後一個系列的MARK FINAL，因此星勇士和守護獸以200日圓價位的轉蛋套組商品形式發售。

◎ダイノシールド

◎ダイノランチャー

## 超神飛翼恐龍歐契斯

可與最終鋼德勇士合體的終極兵器神。設定中是封印於貢德勇士神殿地下深處的空神天龍和陸神地龍合體而成，不過受到本作決定提早結束的影響，成了未能在故事中登場的角色。這個角色本身是以在《機動戰士鋼彈0083》中登場的武裝基地歐契斯作為設計藍本。

## 空神天龍

## 陸神地龍

### 其他19名星勇士

《復活的星勇士》中揭曉本系列歷來各主角群也都是星勇士一事，他們也都在恢復星勇士原有的面貌後再度登場。發展至這個時期，商品在造型上的重現程度比以往高出許多，因此本作也有著藉由翻新成更精密的造型，使新舊角色並列陳設時能顯得自然些的用意在。不過受到本作提早結束的影響，不僅絕大部分都未能製作成商品，甚至還有諸多連在漫畫中都沒能登場的角色。接下來就要介紹這些夢幻的星勇士造型。

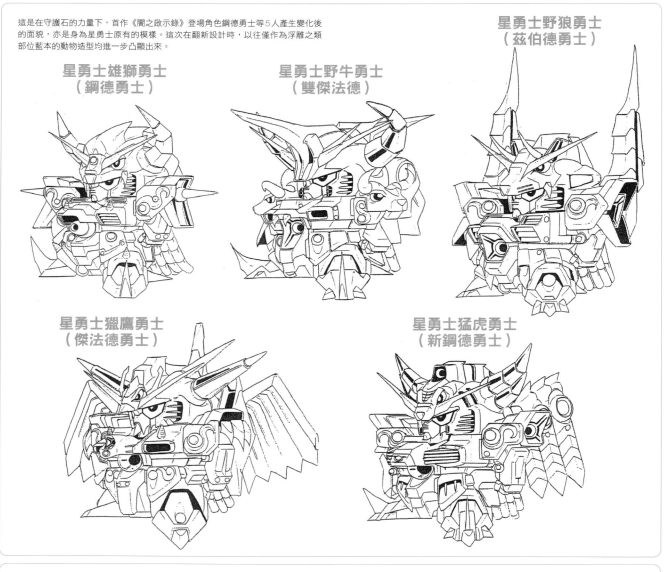

這是在守護石的力量下，首作《闇之啟示錄》登場角色鋼德勇士等5人產生變化後的面貌，亦是身為星勇士原有的模樣。這次在翻新設計時，以往僅作為浮雕之類部位藍本的動物造型均進一步凸顯出來。

星勇士野狼勇士
（茲伯德勇士）

星勇士雄獅勇士
（鋼德勇士）

星勇士野牛勇士
（雙傑法德）

星勇士獵鷹勇士
（傑法德勇士）

星勇士猛虎勇士
（新鋼德勇士）

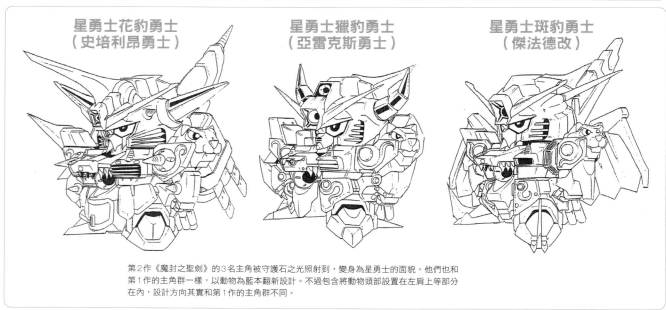

星勇士花豹勇士
（史培利昂勇士）

星勇士獵豹勇士
（亞雷克斯勇士）

星勇士斑豹勇士
（傑法德改）

第2作《魔封之聖劍》的3名主角被守護石之光照射到，變身為星勇士的面貌。他們也和第1作的主角群一樣，以動物為藍本翻新設計。不過包含將動物頭部設置在左肩上等部分在內，設計方向其實和第1作的主角群不同。

星勇士壹型勇士
（紅勇士）

星勇士貳型勇士

星勇士參型勇士

前作《龍之守護神》主角紅勇士變身為星勇士的面貌。他其實是三兄弟中的長子，在獲得次子貳型勇士、老么參型勇士提供的戒指賜予力量後，他也變成星勇士。兩個弟弟分別是以紅戰士R、紅戰士改作為造型藍本。

星勇士木星勇士

星勇士金星勇士

這是為了讓在鋼德蘭達大陸和方程式大陸上的眾戰士，能夠藉由合體光線「洗禮光」覺醒，進而恢復真貌，因此從宇宙彼方來到這裡的星勇士。木星勇士的造型藍本為鋼彈F90Ⅱ，至於金星勇士的造型藍本則是F90 V（V.S.B.R.）型。

星勇士天王星勇士
（方程式氣墊型）

星勇士火星勇士
（方程式突擊型）

星勇士土星勇士
（方程式支援型）

星勇士海王星勇士
（方程式驅逐型）

星勇士冥王星勇士
（方程式衝入型）

星勇士水星勇士
（方程式水中型）

在第3作《龍之守護神》登場的方程式一族，受到洗禮光照射後，恢復了星勇士真貌的狀態。在命名上是以太陽系的行星為名。

### No.2 KAZUKI HAMADA TECHNIQUE CATALOG
# G機具的設計

自1995年起推出的BB戰士原創系列。以正在播映的《新機動戰記鋼彈W》登場MS
作為造型藍本，附加了可搭配額外零件變形為龐大原創機體的機能。浜田老師曾為
這系列擔綱過商品設計、組裝說明書的漫畫世界，以及包裝盒原畫等工作。

## BB戰士G機具
## SD大戰艦篇

繼今石老師經手的飛翼鋼彈、神龍鋼彈之後，
由浜田老師擔綱飛翼鋼彈零式和次代鋼彈的設
計。隔年推出的《新SD戰國傳 武神輝羅鋼》，
亦是由浜田老師負責漫畫世界的部分。

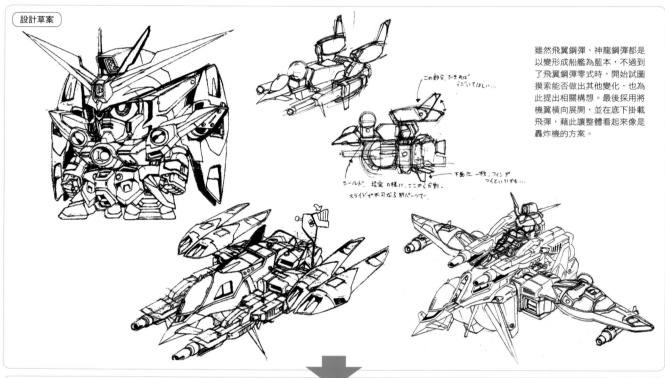

設計草案

雖然飛翼鋼彈、神龍鋼彈都是
以變形成船艦為藍本，不過到
了飛翼鋼彈零式時，開始試圖
摸索能否做出其他變化，也為
此提出相關構想。最後採用將
機翼橫向展開，並在底下掛載
飛彈，藉此讓整體看起來像是
轟炸機的方案。

定案稿

新飛鳥形態

轟炸機形態

## 飛翼鋼彈零式

可由MS形態變形為新飛鳥形態，並進一步搭配原創零件，變形為轟炸機形態的G機具
版飛翼鋼彈零式定案稿。和飛翼鋼彈、神龍鋼彈一樣，設有高精密度的細部結構，營造
出充滿機械感的造型。為了整合線條的設計風格，最後交由今石老師調整細部結構等處
的表現。由於名稱是大戰艦篇，因此還是保留了幾分戰艦的味道。另外，宮老師設計的
迷你飛翼鋼彈零式也備有特殊機能，那就是能組合到相當於艦橋處的背面。

動作草稿

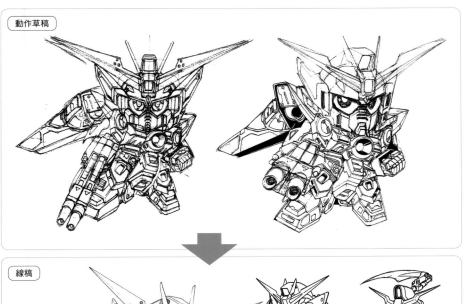

線稿

── Creators Comment ──

由於架構上必須具備 MS 形態、原創機具形態,以及 2 架迷你 MS 這四大要素,因此能擺出的動作相當有限,畫起來頗傷腦筋呢。

**包裝盒畫稿**

這是繼飛翼鋼彈、神龍鋼彈之後,由浜田老師擔綱繪製的第 3 件包裝盒原畫。最值得注目處,就屬身為主角卻排在最後面的飛翼鋼彈零式,這部分可是仔細調整視線方向、武器位置等要素後才畫出來的。

這是將飛翼鋼彈、神龍鋼彈、飛翼鋼彈零式合體為更龐大戰艦的構想。這部分是今石老師剪貼之前的畫稿而成。由圖片可知,這個方案不僅有同系列產品互動的玩法,更從附有迷你 MS 這點想出可以附加基地類玩具的玩法。

為飛翼鋼彈戰艦形態底面加裝車輪的草稿。由於當年的定位為兒童取向商品,再加上這個時期還沒有附屬台座輔助展示的概念,因此才會提出這類讓戰艦形態也能易於擺設的追加零件方案。

### BB戰士G機具 發展方案

G機具其實設想過第2年的可能發展,也為此請浜田老師繪製了各式機構方案。當時《機動武鬥傳G鋼彈》雖然已經播映完畢,後期主角機神鋼彈卻仍然相當受到喜愛,因此也曾設想過以它作為主要陣容的造型藍本。況且當時G機具系列尚在推展,也就透過各方摸索,提出許多構想。

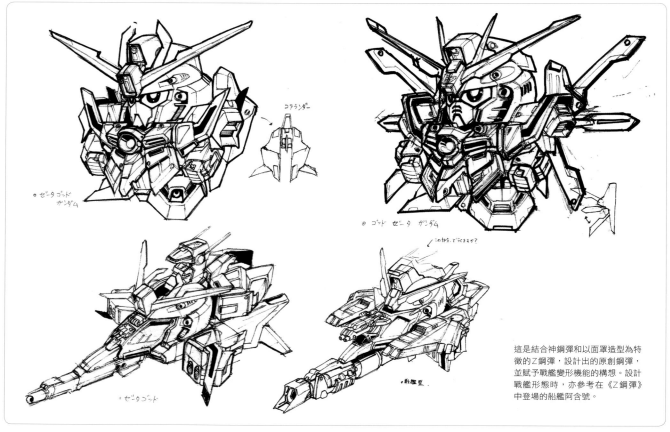

這是結合神鋼彈和以面罩造型為特徵的Z鋼彈,設計出的原創鋼彈,並賦予戰艦變形機能的構想。設計戰艦形態時,亦參考在《Z鋼彈》中登場的船艦阿含號。

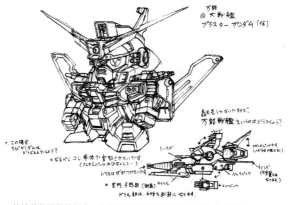

基於萬能戰艦的概念,在艦首配備鑽頭變形為原創機具形態的構想圖。不過並沒有以特定機體作為造型藍本,純粹是原創的鋼彈。

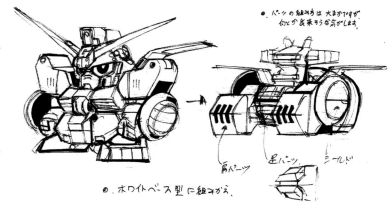

一提到鋼彈中的船艦,馬上就能聯想到白色基地,因此亦有提出能由鋼彈變形為白色基地的構想。這部分在設計上是著重於白色基地形態。

這是著重於與迷你MS搭配遊戲而繪製的草稿。既然附有2架迷你MS,那麼也就構思了原創機具形態是分離變形為空、陸兩架機體的方案。

# 宮豐
## YUTAKA MIYA

宮老師是以食玩和轉蛋的設計為中心，擔綱鋼彈以外SD類和誇張比例體型商品的設計師。1995年時以支援《新SD鋼彈外傳 黃金神話》為契機，隔年度的《鎧鬥神戰記》，以及再下一年度的《SD鋼彈聖傳》均是由他擔綱設計。1997年時亦經手過《忍霸大將軍》的設計。

### No.1 YUTAKA MIYA TECHNIQUE CATALOG
# SD 鋼彈外傳的設計

宮老師是以協助橫井老師的形式,參與外傳的相關作業。雖然是負責將橫井老師
設計的角色繪製成畫稿,不過他也設計出許多配角。

## 新SD鋼彈外傳
## 鎧鬥神戰記

自1996年起推出的《新SD鋼彈外傳》最後一部作品。在以前一年度於TV播出的《新機動戰記鋼彈W》為藍本之餘,亦充分加入外傳原創的要素。這部作品的特徵在於天使希洛不僅能變身為騎士飛翼鋼彈,更能進一步巨大變身為如同機兵般龐大的鎧鬥神飛翼。宮老師也為這部作品經手諸多人物設計、繪製畫稿的作業。

原畫

配色指示

### 光明勇者群

這是以主角希洛為中心,加上迪歐、特洛瓦、卡特爾、五飛構成的5名主角大集合畫稿。這些人物本身都是由橫井老師設計,繪製時也就格外細心地營造出類似的畫風。

> **Creators Comment**
> 在畫稿中繪製人物時很容易表現出筆觸,因此要模仿橫井老師的畫風其實非常困難呢。

鍛冶師傅喬旺

配色指示　近衛師馬格亞納克隊

四大騎士　馬格亞納克隊

> **Creators Comment**
> 這個時期的外傳故事,在作品開始前會先舉辦外宿會議,除了擬定接下來這一年的故事大綱之外,亦會決定登場角色分派給誰負責設計。基本上,負責設計者會一路做到配色指示的階段。

這些是由宮老師擔綱設計的配角,
主要是以人物為中心。

原畫

皇家巴特拉斯＆國王鋼彈Ⅱ世

皇家鋼雷克斯＆傑菲蘭沙斯

**Creators Comment**

我一加入外傳團隊就立刻參與作業，
主要負責繪製成原畫的前一個階段，
基本上是參考橫井老師用紅筆標註的
部分進行修正。也唯有設計師全都在
同一間辦公室工作的公司才能像這樣
作業呢，回想起來還真令人懷念啊。

皇家艾爾蓋亞＆新鋼彈

皇家龍騎兵＆零式鋼彈

《新SD鋼彈外傳 黃金神話》第4作
《閃光之黃金神》的圖稿原畫。機兵
是以大河廣行老師繪製的草稿為基礎
完稿，騎士則是經由橫井老師審核繪
製出來。

---

## ✛ Check it!! ✛

### 公開徵稿作品完稿 騎士公馬

「SD鋼彈外傳超級大戰」PART 7的卡片畫稿。這是公開徵稿活動的得獎
作品，宮老師便是根據該投稿作品完稿。構想是否有意思、繪製成卡片
畫稿時是否美觀帥氣，這些要素都是評選時的重點。

原畫

畫稿

**Creators Comment**

當時選稿是包含BANDAI的人員
在內，由外傳製作團隊所有成員
一同在會議室評選出得獎作品。
我至今也依然對這件作品和其名
字「公馬」有印象呢。

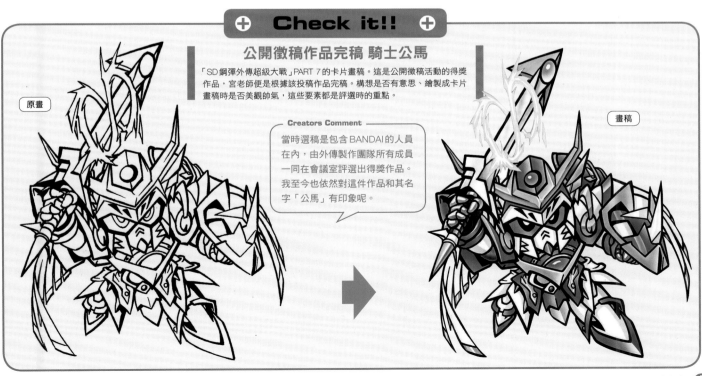

### 考古學者特列斯（第1作）

配色指示

### 特列斯

在外傳登場的特列斯，是一名富有的考古學者。雖然角色設定和前作《騎士鋼彈物語》的蓋蒙有幾分相似，但本作刻意營造出區別。改以優雅特·列斯為名登場時所駕駛的麗機優雅托爾吉斯，其實是以大河老師設計的雷迅將托爾吉斯為基礎，融入托爾吉斯Ⅱ的要素設計而成。而且和雷迅將一樣，保留可和拜葉特、漢摩斯合體的機構。

— Creators Comment —

特列斯是我在《鋼彈W》中最喜歡的人物，為了能直接表現出如同貴族的灑脫感，繪製時我可是在他的動作等方面下了不少工夫喔。

### 總帥特列斯（第2作）

配色指示

### 騎士優雅特·列斯（第3作）

配色指示

マスクは列紙を見て下さい

### 放逐特列斯！（第3作）

配色指示

NO.441

---

## ➕ Check it!! ➕

### SD 鋼彈外傳超級大戰

這是以《鋼彈W》原作畫面為藍本，特別繪製的外傳超級大戰用畫稿。SD 鋼彈本身就有不少致敬、仿效原作的場面，不少都是出自動畫中最令人印象深刻的情境。由於這幾張畫稿致敬的場面都格外令人印象深刻，因此在外宿會議階段就已經決定使用在某些地方。不過這些場面的震撼力都強了點，要使用在故事主篇裡其實還頗有難度，於是便改使用在超級大戰中了。做起事來確實優雅氣沒錯，但總會有那麼一點格格不入時會顯得像在搞笑，這就是外傳版的特列斯。

指示書

### 總帥特列斯（PART 6）　配色指示

### 總帥特列斯（PART 7）　配色指示

## 雙騎士蕾蒂安與蕾蒂杜（第1作）

配色指示

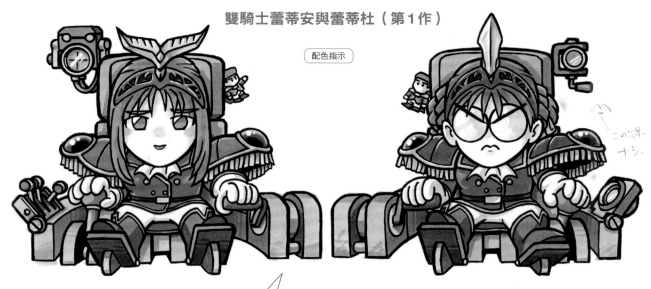

**Creators Comment**

由於是成對的人物，就算只是一張卡片用的畫稿，也得畫出兩個人才行。在配色指示方面似乎過於講究了些，負責手工上色的同仁應該很辛苦吧。

## 雙騎士蕾蒂安、蕾蒂杜（第2作）

配色指示

NO.427

## 遭囚禁的雙騎士（第3作）

配色指示

**雙騎士蕾蒂安、蕾蒂杜**

外傳中的蕾蒂・安是以雙胞胎騎士的面貌登場。由於與特列斯座機雷迅將托爾吉斯合體的爆水將漢摩斯、熾炎將拜葉特，都需要有人擔任操手，因此便把動畫中蕾蒂・安放下一頭長髮的造型設計成蕾蒂杜這個人物，也就是將原作中的單一人物分為兩個人物登場。

## 雙騎士蕾蒂安、蕾蒂杜（超級大戰PART 6）

配色指示

原畫

NO.290

**雙騎士蕾蒂安、蕾蒂杜（超級大戰PART 7）**

這張供外傳超級大戰使用的畫稿，是以蕾蒂安、蕾蒂杜一同施展雙胞胎合體技為藍本。由於是以兩人為一組的畫稿，因此才會選擇繪製帥氣十足的施展必殺技的場面。

**NO. 2** YUTAKA MIYA TECHNIQUE CATALOG

# G機具的設計

G機具在商品形式上，乃是以內含可變形為戰艦之類機體的大型MS，還有2架可搭乘該機體的迷你MS為套組。宮老師正是負責設計其中的迷你MS。

## BB戰士G機具
## SD大戰艦篇

居於機具定位的大型MS，在設計上是由今石老師、浜田老師負責整合。考量到角色定位的迷你MS在設計風格上也多少需要一些變化，因此這部分委由宮老師擔綱設計。

**Creators Comment**
由於尺寸小巧，必須適度省略細部結構才行。

## 迷你鋼彈設計

「飛翼鋼彈」這款商品中內含迷你飛翼鋼彈和迷你重武裝鋼彈，「神龍鋼彈」是迷你神龍鋼彈和迷你沙漠鋼彈，「飛翼鋼彈零式」則是迷你飛翼鋼彈零式和迷你死神鋼彈，至於「次代鋼彈」則內含迷你次代鋼彈與迷你托爾吉斯。就商品來說，這4款套件一共立體重現8名角色。

**Creators Comment**
因為多少受到在動畫播映期間發售的影響，有時是參考初期設定圖稿繪製呢。我還記得當時是第一次和BANDAI的HOBBY事業部公司合作，也為此格外來勁呢。

迷你飛翼鋼彈

### 迷你死神鋼彈

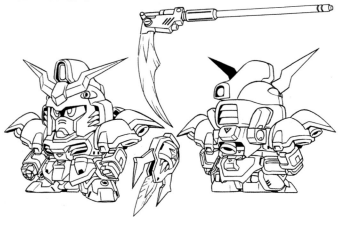

### 迷你重武裝鋼彈

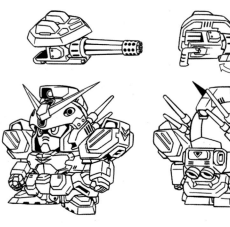

### 迷你沙漠鋼彈

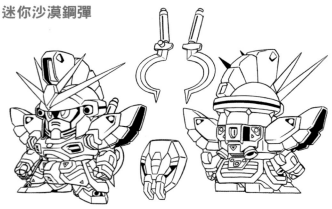

### 迷你神龍鋼彈

## 迷你托爾吉斯

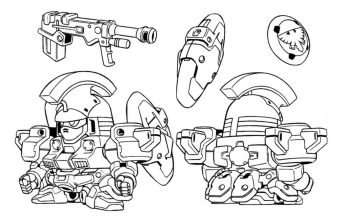

## 迷你次代鋼彈

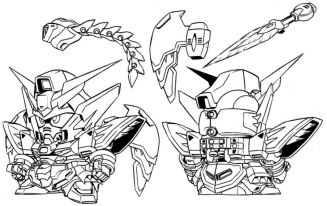

## 迷你飛翼鋼彈零式

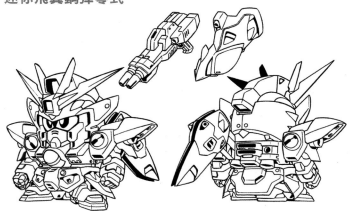

迷你SD角色的造型詮釋案。為了評估這類誇張頭身比例造型的均衡性，因此繪製了將天線、肩甲等處詮釋得大一點的飛翼鋼彈。

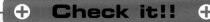

### ➕ Check it!! ➕

#### 全新玩法的提案

這是在背後裝設磁鐵，以便吸附在金屬物品表面上的解說圖。由於是全新的系列，因此也追加規劃傳統模型以外的玩法，試著摸索出全新的玩法。

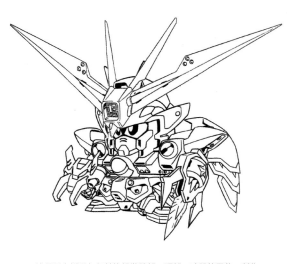

這是用來說明如何替換組裝臂部、頭部、武器等零件，製作出原創角色的畫稿。

### No.3 YUTAKA MIYA TECHNIQUE CATALOG
# SD 戰國傳的設計

繼《鎧鬥神戰記》，宮老師隔年開始經手《SD戰國傳》，負責設計《弻霸大將軍》的角色。不過在宮老師加入團隊前，今石老師就已設計包含主角在內的幾名角色，算是以接手方式展開作業。

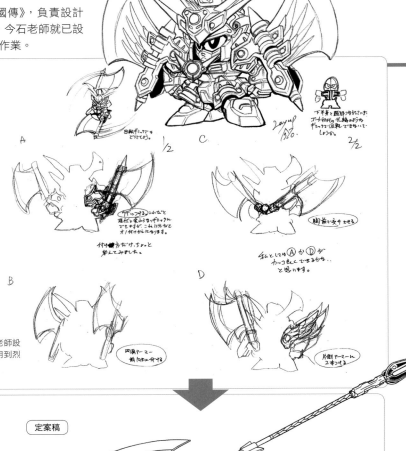

## 超SD戰國傳 弻霸大將軍

BB戰士10週年的紀念作品，亦是《SD戰國傳》系列的第9作，故事發展是以一般武者對抗機械打造的鐵機者為主軸。宮老師主要擔綱設計自故事中期起登場的天界武者。

## 烈龍頑駄無

這名天界武者原本被封印在紅零鬥丸持拿的烈龍刀中，隨著烈龍刀斷裂導致封印解除，他也得以在凡間現身。由於這是《SD戰國傳》系列中首度出現的天界武者，因此在設計方向上也經過一番摸索。作為頭一個角色，設計時是以今石老師繪製的草稿為基礎，添加天界武者特有的要素後，再由宮老師整合設計而成。正式商品中的鎧甲是利用透明零件來呈現，可說是進一步提升了神祕感呢。

### 設計草案

作為新世武者軍團的一員，由今石老師設計出的草案。持有巨斧這點後來套用到烈龍身上。

**定案稿**

**天翔龍神形態**

---

**Creators Comment**

刊載於組裝說明書裡的活躍場面，是由我親自繪製到完稿階段。

**陰影部位指示**

**包裝盒畫稿用陰影部位指示**

《弻霸大將軍》的包裝盒畫稿是以賽璐珞上色完稿。曾任職於動畫工作室的宮老師很熟悉如何繪製陰影部位指示，因此今石老師有時也會委託宮老師為自己經手的畫稿指示陰影部位。上色完成的賽璐珞畫稿刊載於本書P.109。

**麥克筆畫稿**

**必殺技示意圖**

這張表現烈龍施展必殺技龍捲怒龍斬場面的示意畫稿，其實是利用麥克筆來上色完稿。這是揮舞烈龍最強武器「龍神巨斧」施展出的豪邁必殺技。

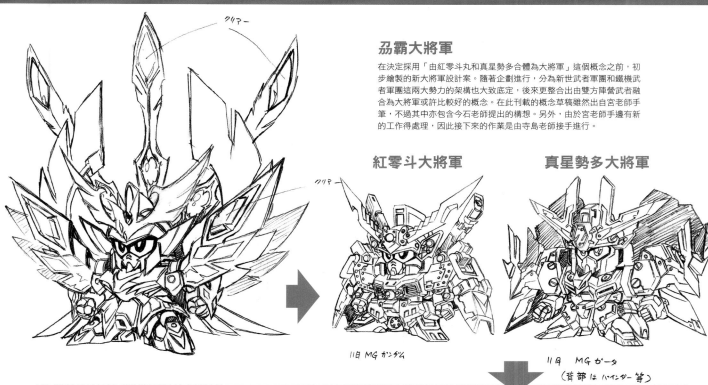

## 刕霸大將軍

在決定採用「由紅零斗丸和真星勢多合體為大將軍」這個概念之前，初步繪製的新大將軍設計案。隨著企劃進行，分為新世者軍團和鐵機武者軍團這兩大勢力的架構也大致底定，後來更整合出由雙方陣營武者融合為大將軍或許比較好的概念。在此刊載的概念草稿雖然出自宮老師手筆，不過其中亦包含今石老師提出的構想。另外，由於宮老師手邊有新的工作得處理，因此接下來的作業是由寺島老師接手進行。

### 紅零斗大將軍
11日 MG ガンダム

### 真星勢多大將軍
11月 MG ゼータ
（背部はバインダー等）

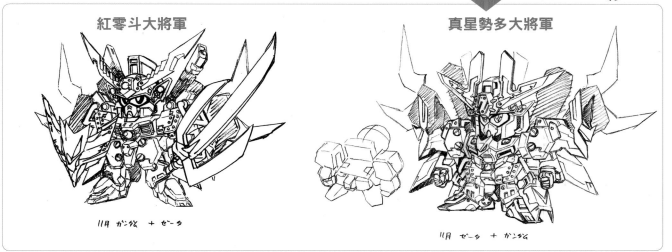

### 紅零斗大將軍
11月 ガンダム ＋ ゼータ

### 真星勢多大將軍
11月 ゼータ ＋ ガンダム

## ＋ Check it!! ＋

### 天界武者初期設計草案

這是天界武者的設計構想。從想出天界武者這個設定到提出相關設計構想的人，其實都是宮老師。以大陸王的設計案來說，其整體輪廓後來成了烈風頑馱無的原型呢。

**Creators Comment**

設計時抱持「既然是戰國時代之前的人，只要加入埴輪之類的特色，應該就能營造出天界武者的氣氛了吧」的想法，融入了埴輪、土器，以及古代服裝等特色。大陸王更是以實際在美術館展出的埴輪土器當作藍本呢。

鉄機武者 大翔旋
（V2 アサルト）

武者 大陸王 案
（レオパルド D）

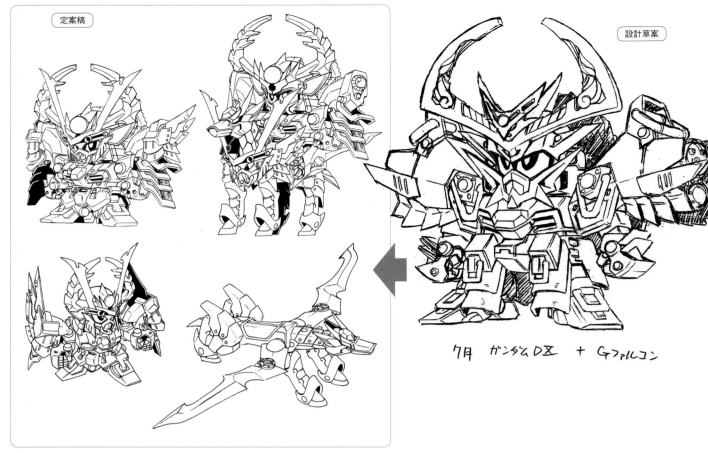

定案稿

設計草案

7月 ガンダムDX ＋ Gファルコン

配色方案

麥克筆畫稿

## 天界武將戰刃丸

紅零斗丸之兄戰刃丸在天界轉生後的面貌。為了讓原有面貌能經由替換組裝紅零斗丸的零件予以重現，這部分也就交由今石老師負責設計。至於轉生後的天界武者面貌，則由宮老師擔綱設計。雖然有著天界武將的設定，不過他並未真正前往天界，而是又返回人間，因此比起天界武者的風格，在線條設計上其實還更著重於呈現身為兄長的氣息。之所以選擇雙X鋼彈＋G獵鷹為造型藍本，在於打從一開始就決定搭配座騎推出價位較高的套組商品，初期構想中也為鎧甲添加G獵鷹的特色。

── Creators Comment ──
《刕霸大將軍》的組裝說明書用麥克筆畫稿，其實是由以漫畫《SD鋼彈迷你小劇場》聞名的あずま勇輝老師繪製喔。

## 配色

既然是以雙X鋼彈為造型藍本，配色方案也就以白色搭配黑色為基調。為了進一步凸顯英雄氣概，雖然另有版本試著把黑色換成較明亮的藍色，不過最後還是決定採用黑色。

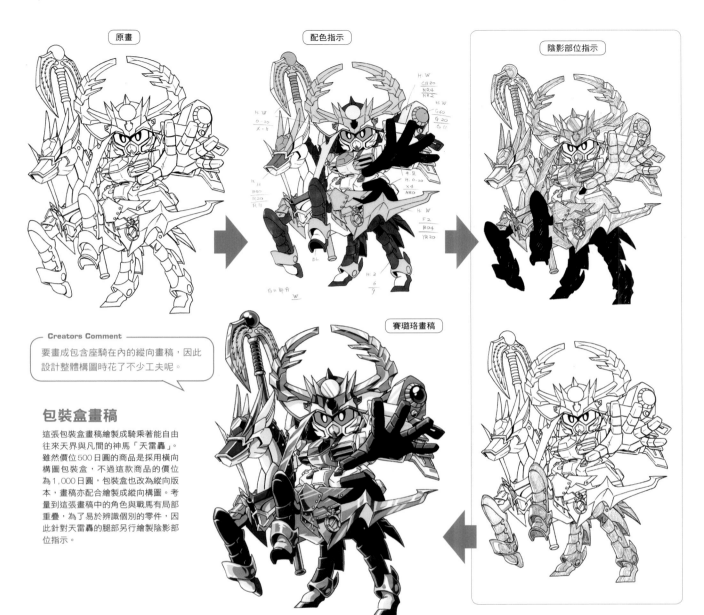

原畫　　　配色指示　　　陰影部位指示

賽璐珞畫稿

Creators Comment

要畫成包含座騎在內的縱向畫稿，因此設計整體構圖時花了不少工夫呢。

## 包裝盒畫稿

這張包裝盒畫稿繪製成騎乘著能自由往來天界與凡間的神馬「天雷轟」。雖然價位500日圓的商品是採用橫向構圖包裝盒，不過這款商品的價位為1,000日圓，包裝盒也改為縱向版本，畫稿亦配合繪製成縱向構圖。考量到這張畫稿中的角色與戰馬有局部重疊，為了易於辨識個別的零件，因此針對天雷轟的腿部另行繪製陰影部位指示。

## Check it!!

### 必殺技示意圖

刊載於組裝說明書，戰刃丸施展必殺技「降魔烈神彈」的示意圖，繪製出戰刃丸持拿由天雷轟變形的天界神器「神碎魔戰弩」。施展這類持拿弓弩射擊的必殺技時，主體並不會擺出大幅度的動作，畫稿也就利用集中線之類的效果來凸顯氣勢。使用特寫畫面來呈現的必殺技示意圖，其實也得針對特效進行後製加工，因此會使用到同樣的手法。

原畫　　　麥克筆畫稿

設計草案

定案稿

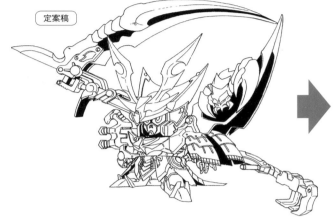

配色指示

麥克筆畫稿

## 魔刃頑馱無

相對於天界的魔界武者造型，採用了比埴輪時代更早之前的事物，也就是以化石為藍本來設計這個武者。由初期稿中可知，肩甲和鐮刀的細部結構確實是如同骨骼化石般的另類造型，雖然在改良造型時簡化了較複雜的細部結構，不過正式商品中的黑色零件表面經過研磨拋光，具有出色的光澤感，凸顯出與他武者的差異。

賽璐珞畫稿

**包裝盒畫稿**

魔刃頑馱無的包裝盒用賽璐珞畫稿。這也是宮老師親自進行線畫、陰影部位指示等作業後繪製的作品。畫稿刻意繪製成可凸顯主要武器「冥府幽靈刃」，以及將電鍍左手零件「必勝掌」往前伸出的架勢。

麥克筆畫稿

**必殺技示意圖**

這張示意圖呈現了同時動用屬於魔刃的「冥府幽靈刃」，以及「必勝掌」所施展的必殺技「混沌煉獄」。這個招式能在對手被擒拿而無從脫逃的情況下施予劈砍，可說是深具反派氣息的必殺技。這張畫稿也是由宮老師以麥克筆上色完稿。

# レイアップ
## LAY UP

這是自SD鋼彈誕生之初就全面經手各種設計工作的設計公司，橫井老師過去也是這間公司的一員，有許多名SD設計師在此效力。這個章節要介紹現今仍在LAY UP旗下大顯身手，出自かげやまいちこ老師、落合亮二老師手筆的SD鋼彈設計。

## No.1 LAY UP TECHNIQUE CATALOG
# 轉蛋玩偶用圖面

轉蛋系列從純粹的無塗裝軟膠製玩偶開始，一路歷經了引進塑膠製零件、上色、替換組裝機能，增添可動性等諸多進化。隨著商品規格有所進步，各個系列講究的重點其實也大不相同。

G.O.V. X鋼彈空戰強化型

**Creators Comment**
這個原創鋼彈是以沿用素體，只有增裝配件為全新開模零件的概念設計而成。

## SD 鋼彈 R

繼1985年誕生的轉蛋戰士「超級誇張比例鋼彈世界」後，自1993年2月起推出的轉蛋戰士新系列。由於引進塑膠零件、單一轉蛋僅用來包裝單一商品、零件總數和機構也都有所增加，因此單一商品會比以往的系列更具分量。隨著立體商品的重現程度顯著提升，圖面當然也得繪製出更多資訊才行。以這個系列後期發售的薩克Ⅱ為例，為了在裝設透明塑膠零件時能透視內部機構，繪製圖面時也就一併畫出機械狀細部結構。

## 新世大將軍

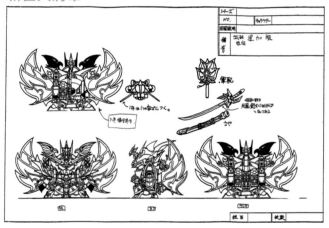

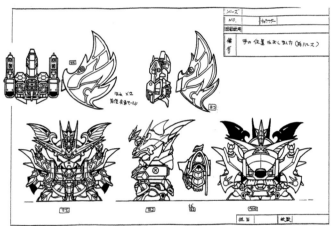

## 重武裝鋼彈

## 夏亞專用薩克Ⅱ

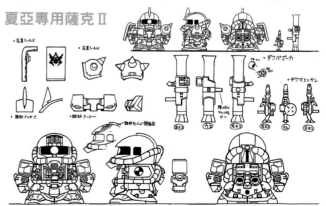

## 勇者X

## SD 鋼彈 全彩小玩偶

自1997年起推出的轉蛋新系列。過去這類軟膠製玩偶均未經塗裝，從這個系列開始採用施加鮮明色彩的全彩規格呈現。有別於以往的系列，這個系列設計成能夠重現動畫的經典架勢。到了系列後半更有支援機和機具等題材加入商品陣容，投入更多能自由搭配把玩的要素。就算是同一名角色，每次推出新作時也會有紋路模式或零件不同的區別，是個不斷進行多方嘗試的系列呢。

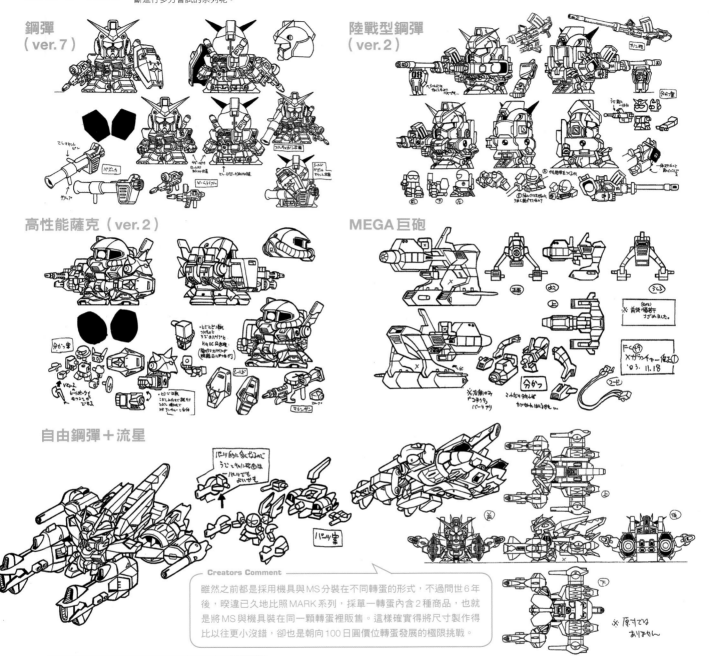

鋼彈（ver.7）

陸戰型鋼彈（ver.2）

高性能薩克（ver.2）

MEGA 巨砲

自由鋼彈＋流星

**Creators Comment**

雖然之前都是採用機具與 MS 分裝在不同轉蛋的形式，不過問世6年後，睽違已久地比照 MARK 系列，採單一轉蛋內含2種商品，也就是將 MS 與機具裝在同一顆轉蛋裡販售。這樣確實得將尺寸製作得比以往更小沒錯，卻也是朝向100日圓價位轉蛋發展的極限挑戰。

### Check it!!

**SD 鋼彈全彩小玩偶 特別篇 SD 鋼彈英雄傳**

全彩小玩偶深受好評，成為超越 MARK 系列的長銷系列。在這段期間，除了製作一般鋼彈系列的主線，亦推出許多衍生商品。例如右方圖片就是在《SD 鋼彈英雄傳》登場的英雄機騎士鋼彈的強化形態，亦即真英雄機光之騎士鋼彈。英雄傳是共計推出4個章節的熱門作品，亦有推出《SD 頑馱無 武者○傳》和鋼彈系列以外作品等各式各樣的立體商品。

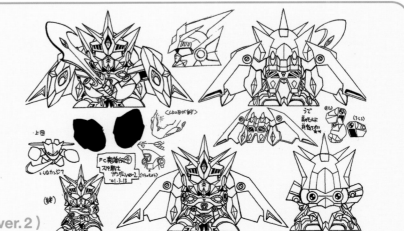

光之騎士鋼彈（ver.2）

## SD 鋼彈全彩小玩偶 DX

於 2004 年推出，一顆轉蛋單價 200 日圓的 DX 商品。比起單一 MS，其實是著重於呈現大型 MA 搭配相關迷你玩偶的套組。雖然以轉蛋而言，這已經算是大尺寸的商品，不過就作為典多洛比核心的 MS 組件史提蒙來說，尺寸卻比單價 100 日圓的版本更小，這也是考量到零件分割設計和合體機能下的設計。

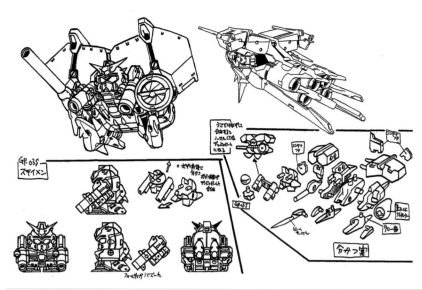

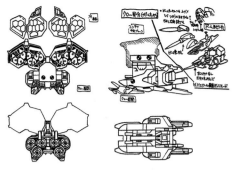

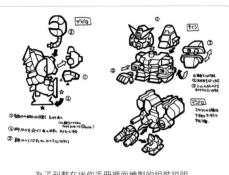

為了刊載在迷你手冊裡而繪製的組裝說明書。畢竟是包含替換組裝要素的機體，才會繪製這類說明用的圖稿。

## SD 鋼彈全彩小玩偶 SD 白色基地

可搭載全彩小玩偶把玩的塑膠製大尺寸商品。下方畫稿為繪製機構方案等內容的設定圖稿。將這份畫稿落實在設計上時，亦得對機構面做更進一步的評估才行，因此也會有未能在正式商品上呈現的機構。

**Creators Comment**

其實也有根據試作品，修正細部結構的狀況呢。

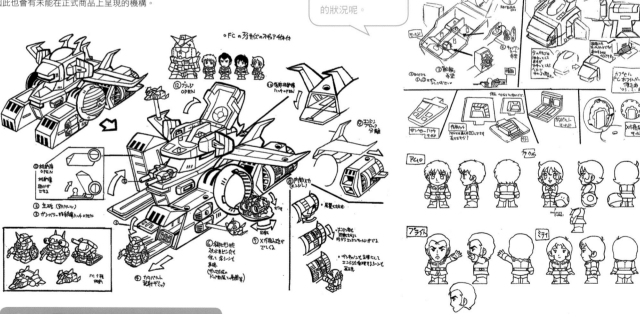

## ✛ Check it!! ✛

### SD 鋼彈 全彩小玩偶 未商品化圖面

雖然會先一步進行繪製圖面的作業，不過也有臨時抽換商品陣容的狀況，因此未能製作成商品的角色其實不少。舉例來說，其實原本有讓《Z 鋼彈》和洗牌同盟機體能夠推出齊全的構想呢。

### 波利諾克・沙曼

### 巨星鋼彈

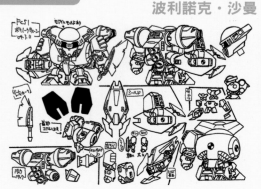

## SD 鋼彈
## 全彩小玩偶特裝版

這是取代全彩小玩偶，自2006年起推出的系列。由於是將替換組裝玩法列為推薦重點的商品，因此卡榫直徑等部分均採用統一規格。商品陣容本身也積極推出MS以外的機體，當然亦把替換組裝玩法納入考量。

▸ Creators Comment

顧慮到必須避免零件總數過多的狀況，因此設下單一商品最多只能有8片零件的限制。既然是全彩小玩偶，設計之初也就把可更換配色推出衍生版本的需求納入考量。

### 異端鋼彈非規格機 D

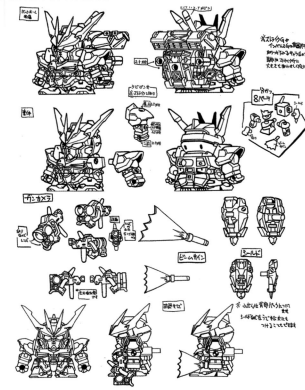

▸ Creators Comment

托勒密號的零件分割設計相當有意思，我相當中意呢。

### 古夫烈焰型

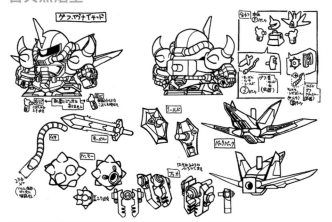

### 托勒密號

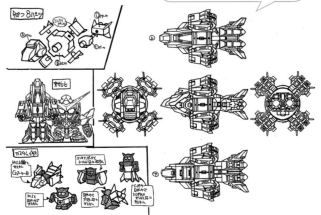

---

## ✛ Check it!! ✛

### 替換組裝玩法的企劃案

這是將全彩小玩偶特裝版的既有要素進一步發揮的企劃案。將MS本身以單一零件呈現，把重心放在積木類玩法，這樣就能讓SD鋼彈合體為尺寸更大的SD鋼彈、恐龍，以及原創機體等各式各樣的題材。由於這是以原創合體為主軸的提案，因此刻意採用沒有特定造型藍本，純粹是為了這個企劃而設計的MS。

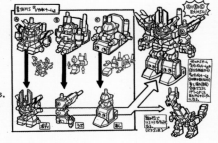

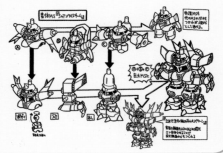

## No.2 LAY UP TECHNIQUE CATALOG
# 轉蛋戰士的設計

這是以轉蛋為源頭的原創鋼彈。設計目的除了製作成商品之外,亦包含漫畫、企劃提案、供公開徵稿活動參考等各式各樣的用途。在此要介紹由かげやま老師設計的諸多原創鋼彈。

### R鋼彈的設計

這個鋼彈是設計用來在「SD鋼彈R」的漫畫裡擔任解說介紹的角色。在故事設定中,為了與對手鋼彈交戰,R鋼彈每一回都會變身。雖然變身前的樣貌從未推出過商品,卻有製作成《BOMBOM漫畫月刊》的活動贈品,當時作為立體造型參考的資料正是右方的畫稿。

配合2012年推出「終極大戰3」而繪製的R鋼彈。雖然之前R鋼彈變形後的面貌都是由今石老師負責設計,不過這個劍聖鋼彈R是由かげやま老師設計。

**Creators Comment**
左圖是配合第1回草稿大致畫出的初期設定圖稿,連載幾年後的設定圖稿則如同上圖所示。

僅收錄「SD鋼彈R」原創角色的最佳精選迷你手冊用拼裝範例。畫稿本身也是根據實際商品能替換組裝的造型繪製而成。

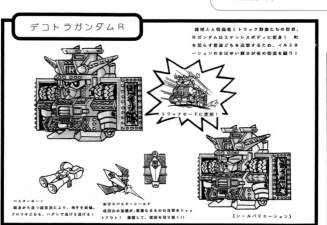

為了讓鋼彈R能更具話題性而提出的企劃案。想要使無塗裝的玩偶能顯色彩繽紛,因此以使用貼紙為例,繪製出以彩繪卡車為藍本的鋼彈。亦根據能夠從透明零件表面看到底下有著貼紙的構想,畫出了洋溢著電子零件感的鋼彈。

### ✚ Check it!! ✚

## SD鋼彈全彩小玩偶用設計

為了紀念SD鋼彈全彩小玩偶推出第300款時所舉辦的徵稿比賽,這便是作為範例而繪製的鋼彈。雖然是作為徵稿範例,卻也畫出頭部備有透明零件、右臂可有轉動的光束加農砲等要素,都是就算實際製作成商品也能派上用場的設計呢。

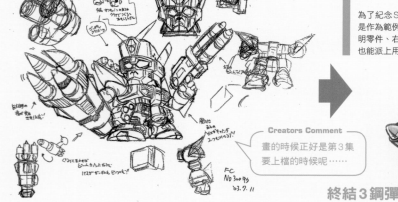

**Creators Comment**
畫的時候正好是第3集要上檔的時候呢……

終結3鋼彈

## SD 鋼彈羈絆版

自2009年起推出的轉蛋系列。不僅是以轉蛋為源頭的原創系列，還有在KEROKERO ACE月刊上連載漫畫。每個作品陣容中都會有全彩規格MS搭配單色（有些為已上色）原創零件而成的羈絆版MS，共5種。將5種羈絆零件收集齊全，即可組裝出傳說中的聖獸。可說是在繼承特裝版的「自由替換組裝玩法」之餘，亦加入「收集零件以組裝新角色」這個玩法的系列。

### 聖獸

具有強大威力的傳奇存在。聖獸本身採用能夠分離為5大零件的設計。

> **Creators Comment**
> 設計案中尚有鯊魚、蠍子等樣貌的版本。能合體為聖獸的構想，可說是為玩法拓展出前所未見的寬廣發揮空間，讓人設計起來非常開心愉快呢。

> **Creators Comment**
> 為了讓長年支持轉蛋商品的玩家也樂在其中，這個系列在選角上有不少是過去未曾製作成商品的機體呢。

## 初期設計案

當初設想收集羈絆零件能夠組裝的其實並非聖獸，而是具有機械感的造型。亦有提出過為MS主體組合裝甲，讓MS能彼此合體的方案。圖片中這架飛行機體後來成了阿雷西迪亞的設計藍本。

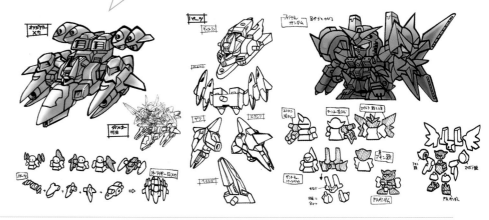

## 聖獸阿雷西迪亞　　[設計草案]

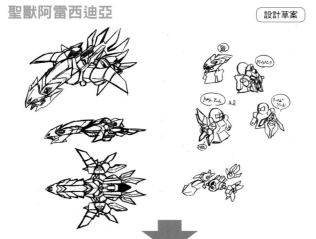

## 聖獸赫梅迪亞　　[設計草案]

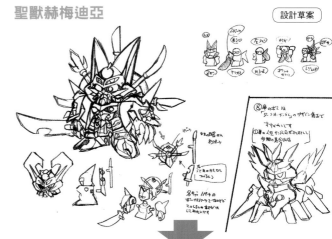

[定案稿]

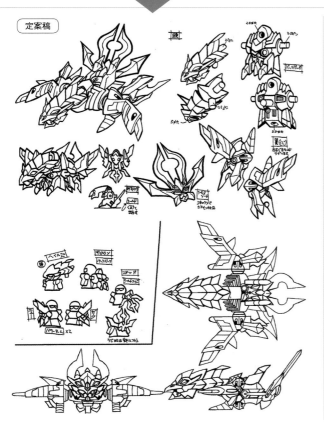

[定案稿]

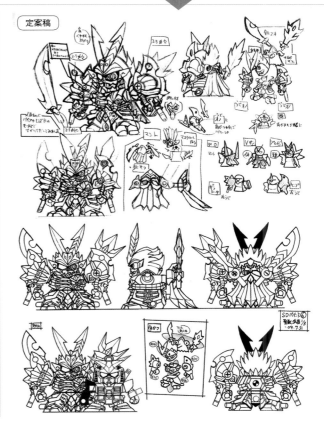

## No.3 LAY UP TECHNIQUE CATALOG
# 漫畫

為了介紹SD鋼彈的角色,有些商品中會附屬漫畫,或是透過部分媒介連載介紹商品用的漫畫。在此要介紹主要由かげやま老師擔綱繪製的漫畫。

### 禮野亞布南

雖然這是在連載「鋼彈R情報」時使用的筆名,不過實際上是為了繪製下方的別刊用漫畫時作為《LAY UP SD設計團隊》共用筆名才想出來的。漫畫刊載後,《鋼彈R情報局》也確定展開連載;但考量到寺島老師也有提供協助,因此還是決定繼續使用這個筆名。

### 元祖SD鋼彈摺口漫畫

這是刊載在元祖SD鋼彈包裝盒摺口處的畫稿。原本是以橫井老師助手的形式參與製作,後來直接擔綱繪製。內容有著簡短搞笑、利用左右兩處摺口構成2格漫畫等特色,這種繪製形式也成為日後相關漫畫的基礎。

93 風騎士鋼彈Mk-Ⅱ

0065 機甲神皇家艾爾蓋亞

## BOMBOM 漫畫月刊別刊

刊載於1993年冬季號,介紹SD鋼彈各個世界的漫畫,而且請到個別的設計負責人來繪製。《新外傳》和《捍衛戰記》為大河廣行老師、《SD戰國傳》為寺島老師、《鋼德勇士》為浜田老師、《鋼冒險者》為落合老師,至於最後的大集合圖稿則是出自橫井老師之手。かげやま老師負責繪製的解說角色正是R鋼彈原型所在。

Creators Comment

這是類似特編R情報局的漫畫(笑)。

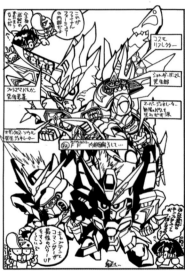

## SD 鋼彈 R 情報局

為了介紹轉蛋「SD 鋼彈 R」，自 1994 年春季起在《BOMBOM 漫畫月刊》上連載的漫畫。各角色的對白出自寺島老師之手，由於頗受好評（？），即使「SD 鋼彈 R」這個商品系列已經告一段落，漫畫本身也僅稍微改了一下作品名稱就照樣連載下去。

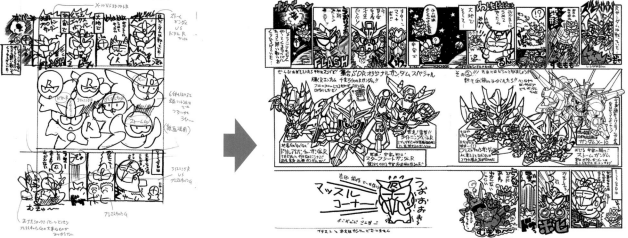

## SD 鋼彈戰國英雄

1996 年作為單價比 BB 戰士更低的商品，採用 300 日圓價位產品線推出的塑膠模型系列。有別於 SD 戰國傳的嚴肅故事發展，委託的附屬漫畫改為繪製成類似 R 情報局的輕鬆歡樂走向。

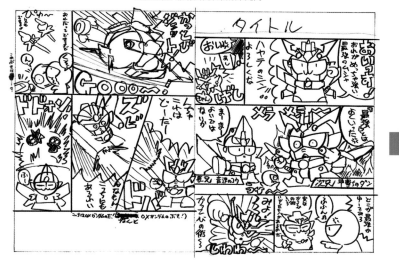

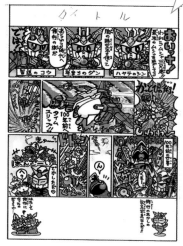

## D FORMATIONS

配合 2005 年發售的 SD 完成品玩偶繪製，同樣是刊載在組裝說明書上的漫畫。當時的委託是要畫出元祖 SD 摺口漫畫那種輕鬆詼諧感。

## SD 鋼彈 G GENERATION

2000 年為了促銷《G GENERATION》，而在《BOMBOM 漫畫月刊》上連載的漫畫。

### NO.4 LAY UP TECHNIQUE CATALOG

# 鋼冒險者的設計

這是繼《SD戰國傳》、《SD鋼彈外傳》、《SD捍衛戰記》、《鋼德勇士》後推出的第五個SD鋼彈世界。由LAY UP的落合老師擔任主要設計和畫稿繪製。

## SD時空傳
## 鋼冒險者

自1993年起以收藏卡為中心推展的系列。製作概念為時空巡邏隊題材，故事發展主軸在於回收造成時空混亂的「時空鐵」。蒼藍鋼冒險、翠綠鋼冒險、燦黃鋼冒險這3名鋼冒險者進行時空移動後，藉由時空能量取得該時代的最強力量，進而完成對抗敵人並回收時空鐵的任務。

## 蒼藍鋼冒險

從現代時空巡邏隊成員中獲得拔擢的本作主角。起初雖然是以警察為造型藍本，但發現在形象上與「鋼彈軍團」的角色過於相近，最後也就改以時鐘和時光機為藍本重新整合設計。話雖如此，畢竟現實中並沒有時光機，因此其實是以經典電影中的車型時光機為藍本。

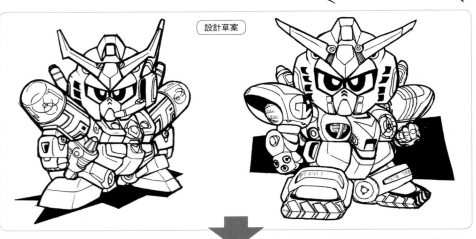

設計草案

設定圖稿

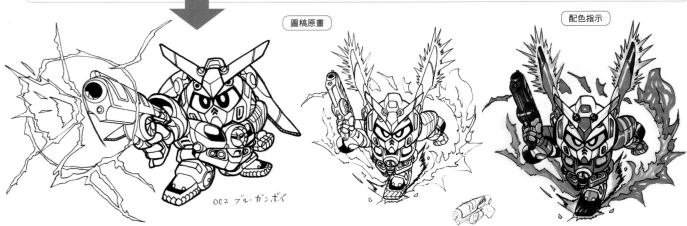

圖稿原畫　　　　　　　　配色指示

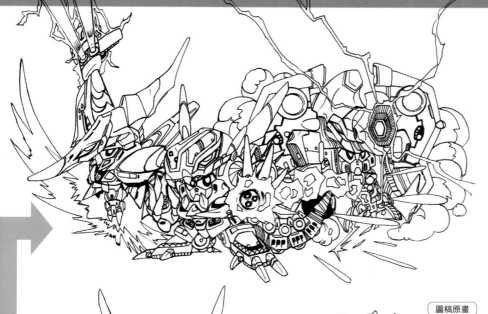

### 鋼冒險者ZM（恐龍模式）

這是在恐龍時代獲得強化的面貌，亦即分別穿上霸王龍、翼手龍、長毛象這3種裝甲的形態。決定透過轉蛋戰士系列推出商品，因此採取為主體組合裝甲零件的形式呈現強化形態。恐龍時代是其他SD世界未曾使用的要素，這正是獲選為本作PART 1題材的理由所在。

設定圖稿

圖稿原畫

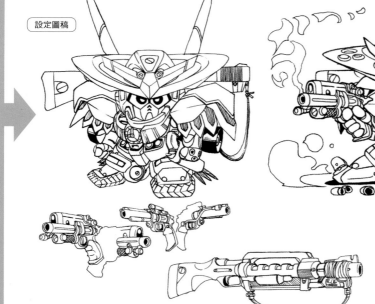

### 蒼藍鋼冒險FM（邊疆模式）

這是蒼藍鋼冒險在西部開拓時代獲得強化的面貌。其他SD世界未曾使用、得以獲選為PART 2題材的要素正是西部時代。由於PART 1的強化形態頗具分量，為了展現不遜於前者的面貌，這次配備了大量武器。之後其實亦有前往騎士或武者等時代的構想。

配色指示

圖稿原畫

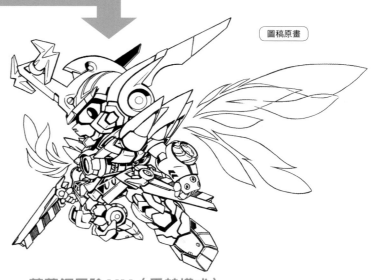

### 蒼藍鋼冒險KM（騎士模式）

1994年配合「超級大戰」繪製的蒼藍鋼冒險全新模式。這張圖稿畫出蒼藍鋼冒險前往騎士王（亞瑟王）時代獲得強化的面貌。

### 蒼藍鋼冒險MM（馬赫模式）

並非藉由時空能量獲得強化的面貌，而是設計作為蒼藍鋼冒險第2形態的高速形態。這個面貌是在2011年的「終極大戰」公布。

**翠綠鋼冒險** 既然是從未來拔擢的鋼冒險者，設計上也就融入了飛行車這類未來車輛的形象。胸口時鐘也改為電子式，畢竟他來自比蒼藍鋼冒險更先進的時代。在以西部開拓時代為舞台的故事中，因為希望能有騎著馬匹的角色登場，所以強化形態就設計成騎著馬馳騁的模樣了。

設計草案

設定圖稿

翠綠鋼冒險FM（邊疆模式）

圖稿原畫

**Creators Comment**
既然是從過去拔擢的鋼冒險者，在設計上也就融入了古典車的形象。

**燦黃鋼冒險** 以黃色為象徵色，因此選擇ZZ鋼彈作為造型藍本的鋼冒險者。是一名以擁有過人力量為傲的隊員，在西部時代獲得強化的面貌，正是配備龐大水牛型裝甲後而成的形態。

設計草案

設定圖稿

燦黃鋼冒險FM（邊疆模式）

圖稿原畫

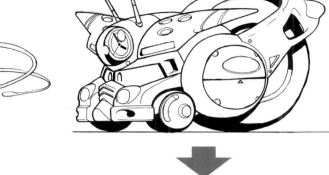

設計草案

## 砲彈鋼冒險

西部時代的派駐隊員。既然是以砲彈為名,設計上也就融入手槍與
重火器的細部結構風格。造型藍本是以配備長管步槍為特徵的鋼彈
F90 II L型。

設計草案

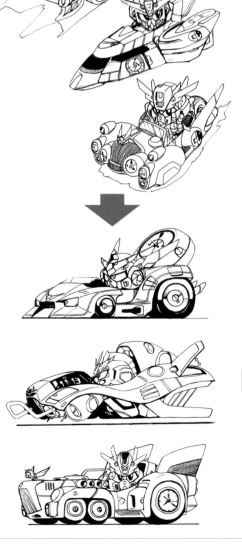

卡片畫稿

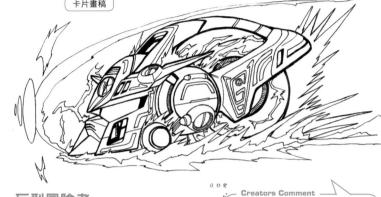

## 巨型冒險者

鋼冒險者使用的是巨大時光機。由於這是有許多搞笑
要素的作品,因此初期造型是往營造可愛感的方向
整合設計。

008
— **Creators Comment** —
由於會設計成車輛的模樣,打
從一開始就決定要以輪胎作為
造型藍本。

卡片畫稿

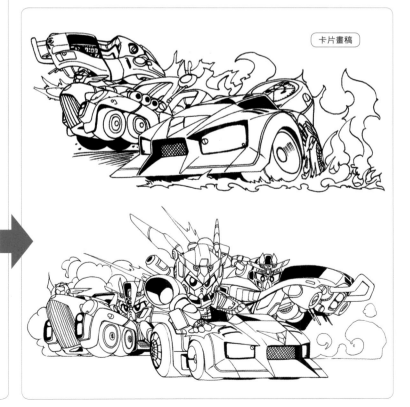

蒼藍鋼冒險使用的是蒼藍GT、翠綠鋼冒險使用的是翠綠飛車,至於燦黃鋼冒險使用的則是燦黃經典車。這些交通工具和角色
本身一樣,設計上分別是以現代、未來、過去的車輛作為造型藍本。設置的時鐘在形式上也和搭乘角色共通。

## PART 1 用配角色設計

大部分配角都是根據有著
濃厚致敬要素的命名方式
設計而成。

**Creators Comment**

多少受到這已經是 SD 原創世界第
5部作品的影響,設計上刻意與既
有的系列營造出區別。

設計草案

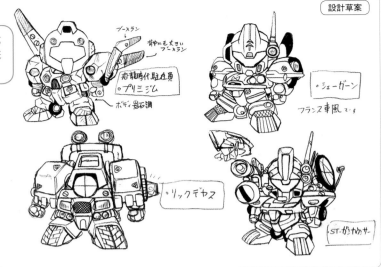

### 普力米吉姆

### 里克迪阿蘇

圖稿原畫

### 閃亮沙薩比

## PART 1 用畫稿

畫稿中也添加排煙和流汗之類的效果,藉此與既有的系列作出區別。而且為了凸
顯出獨創性,明明是里克‧迪亞斯卻設計成綠色,沙薩比則是故意設計成紫色,
採用異於藍本 MS 本身形象的配色。

### 半人馬 Re-GZ

圖稿原畫

## PART 2 用畫稿

PART 2 畫稿是仿效會在西部片裡出現的角色來設計。會比來到這些時代的鋼冒險
者更進一步凸顯出地點、年代等氣氛。

### 老子‧馬～

### 杜班‧伊斯威特

### 通心麵吉昂

### 巨大機體 印地安悍馬

# 008 | 青木健太
## KENTA AOKI

青木老師是主要經手BANPRESTO遊戲中的SD角色設計，以及為模型情報、SD CLUB等媒體繪製SD角色畫稿的設計師兼插畫家。他在把尊重作為主流的SD鋼彈玩具設計放在心上之餘，亦力求表現出自身獨創性的設計風格，究竟為何呢？

# SD CLUB & MJ（模型情報）

這兩本期刊是BANDAI出版部門自1980年代起發行的角色雜誌。青木老師曾透過封面、彩頁、拉頁海報等處，發表過各式各樣的SD鋼彈畫稿。

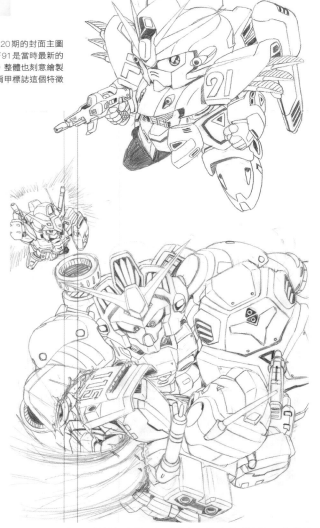

SD CLUB第16期的封面主圖原畫，為採用A（突擊）型任務裝備的F90畫稿。由於當時F91尚未上檔，因此F90偶爾也會以最新鋼彈的身分在封面亮相。

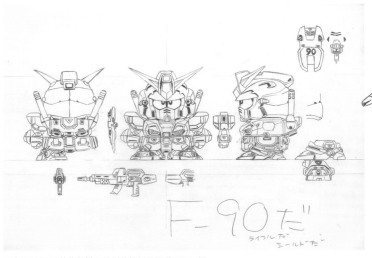

配合SD CLUB特集報導而繪製的範例用鋼彈F90三視圖。為全自製模型類的範例，所以會先繪出三視圖，再據此製作立體範例。這張畫稿以往未曾公開發表過，畢竟是歸類為供製作範例參考用的資料。

SD CLUB第20期的封面主圖原畫。鋼彈F91是當時最新的電影版鋼彈，整體也刻意繪製成易於辨識肩甲標誌這個特徵的架勢。

SD CLUB第19期的封面主圖原畫。畢竟當時是幾乎都把所有焦點放在最新作品的時期，因此也特地繪製一張連同歷代鋼彈在內的畫稿。

MJ 1991年3月號的封面主圖原畫，畫稿中呈現了如同《鋼彈0083》的鋼彈彼此對決場面。這是收藏卡中較罕見的對決構圖，最後還繪製成帶有背景的畫稿。

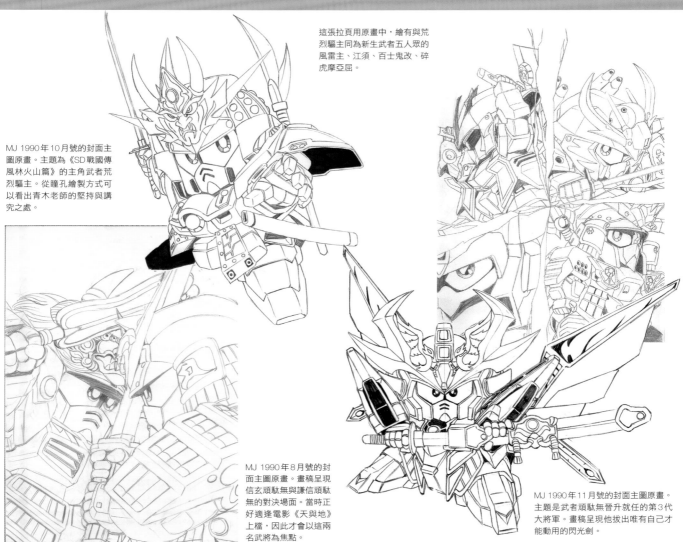

這張拉頁用原畫中，繪有與荒烈驅主同為新生武者五人眾的風雷主、江須、百士鬼改、碎虎摩亞屈。

MJ 1990 年 10 月號的封面主圖原畫。主題為《SD 戰國傳風林火山篇》的主角武者荒烈驅主。從瞳孔繪製方式可以看出青木老師的堅持與講究之處。

MJ 1990 年 8 月號的封面主圖原畫。畫稿呈現信玄頑駄無與謙信頑駄無的對決場面。當時正好適逢電影《天與地》上檔，因此才會以這兩名武將為焦點。

MJ 1990 年 11 月號的封面主圖原畫。主題是武者頑駄無晉升就任的第 3 代大將軍。畫稿呈現他拔出唯有自己才能動用的閃光劍。

## Check it!!

### SD 鋼彈妖魔烈傳

自 SD CLUB 第 15 期起連載的作品，漫畫本身是由友杉達也老師擔綱繪製。故事描述擁有四神之鎧的眾鋼彈挺身對抗妖魔，但受到雜誌休刊的影響，連載在完結之前便中斷，白虎 F90 也因此沒能登場。

### 朱雀 ν

ν 鋼彈是以四聖獸中的朱雀作為設計原型。除此之外，青木老師亦設計了象徵青龍、白虎、玄武的機體。雖然起初打算以三國志為藍本，但為了縮小參考範圍，因此最後選擇四聖獸作為題材。

青龍 Z          白虎 F90          玄武 ZZ

## No.2 KENTA AOKI TECHNIQUE CATALOG
# 電玩用角色設計

青木老師原先就有為 BANPRESTO 發售的 SD 鋼彈遊戲經手圖像確認等作業，後來更負責設計在遊戲中登場的原創 SD 鋼彈等角色。

**Creators Comment**

當時還沒有電腦數位上色的手法，必須先將線稿中會與特效重疊的主體部位塗白。

動作草稿

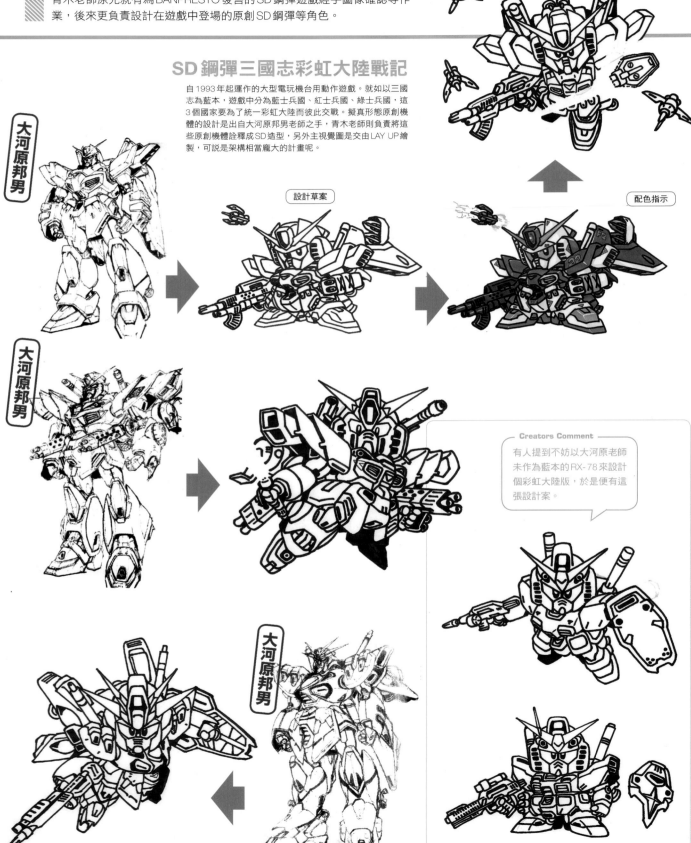

## SD 鋼彈三國志彩虹大陸戰記

自 1993 年起運作的大型電玩機台用動作遊戲。就如以三國志為藍本，遊戲中分為藍士兵國、紅士兵國、綠士兵國，這 3 個國家要為了統一彩虹大陸而彼此交戰。擬真形態原創機體的設計是出自大河原邦男老師之手，青木老師則負責將這些原創機體詮釋成 SD 造型，另外主視覺圖是交由 LAY UP 繪製，可說是架構相當龐大的計畫呢。

大河原邦男

設計草案

配色指示

大河原邦男

**Creators Comment**

有人提到不妨以大河原老師未作為藍本的 RX-78 來設計個彩虹大陸版，於是便有這張設計案。

大河原邦男

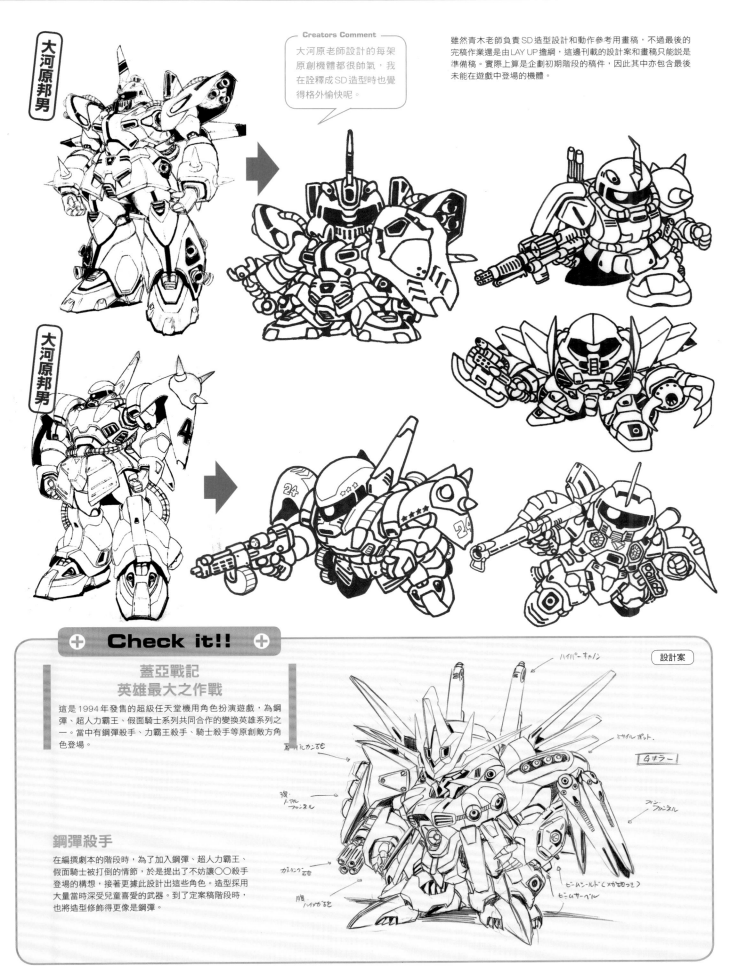

**Creators Comment**
大河原老師設計的每架原創機體都很帥氣,我在詮釋成SD造型時也覺得格外愉快呢。

雖然青木老師負責SD造型設計和動作參考用畫稿,不過最後的完稿作業還是由LAY UP擔綱,這邊刊載的設計案和畫稿只能說是準備稿。實際上算是企劃初期階段的稿件,因此其中亦包含最後未能在遊戲中登場的機體。

大河原邦男

大河原邦男

## Check it!!

### 蓋亞戰記
### 英雄最大之作戰

這是1994年發售的超級任天堂機用角色扮演遊戲,為鋼彈、超人力霸王、假面騎士系列共同合作的變換英雄系列之一。當中有鋼彈殺手、力霸王殺手、騎士殺手等原創敵方角色登場。

#### 鋼彈殺手

在編撰劇本的階段時,為了加入鋼彈、超人力霸王、假面騎士被打倒的情節,於是提出了不妨讓○○殺手登場的構想,接著更據此設計出這些角色。造型採用大量當時深受兒童喜愛的武器。到了定案稿階段時,也將造型修飾得更像是鋼彈。

設計案

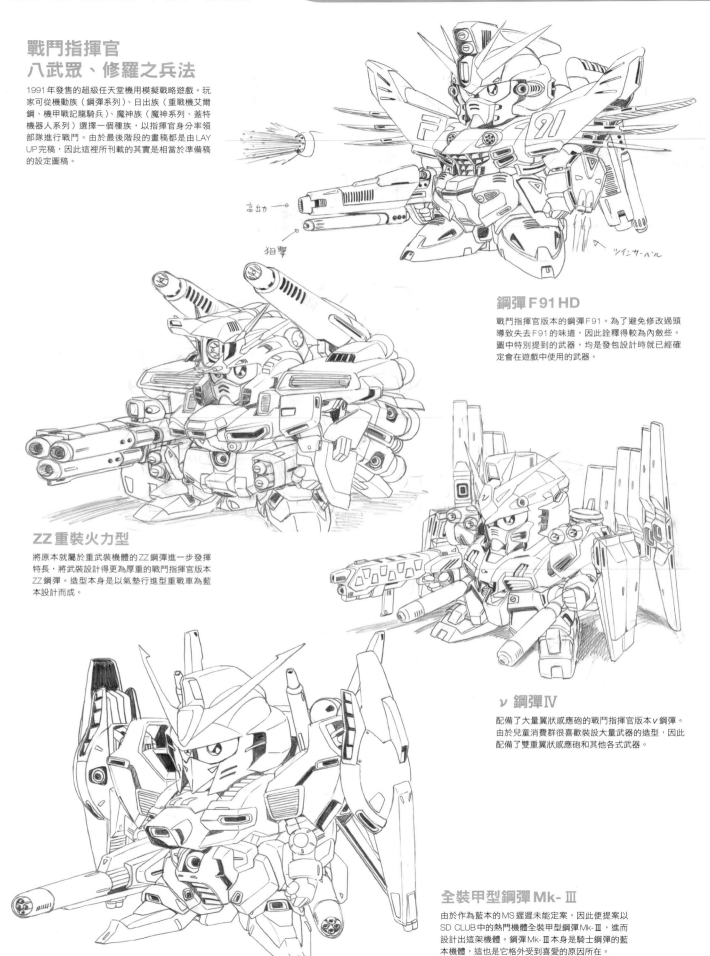

### 戰鬥指揮官
### 八武眾、修羅之兵法

1991年發售的超級任天堂機用模擬戰略遊戲。玩家可從機動族（鋼彈系列）、日出族（重戰機艾爾鋼、機甲戰記龍騎兵）、魔神族（魔神系列、蓋特機器人系列）選擇一個種族，以指揮官身分率領部隊進行戰鬥。由於最後階段的畫稿都是由LAY UP完稿，因此這裡所刊載的其實是相當於準備稿的設定圖稿。

### 鋼彈 F91 HD

戰鬥指揮官版本的鋼彈F91。為了避免修改過頭導致失去F91的味道，因此詮釋得較為內斂些。圖中特別提到的武器，均是發包設計時就已經確定會在遊戲中使用的武器。

### ZZ重裝火力型

將原本就屬於重武裝機體的ZZ鋼彈進一步發揮特長，將武裝設計得更為厚重的戰鬥指揮官版本ZZ鋼彈。造型本身是以氣墊行進型重戰車為藍本設計而成。

### ν 鋼彈 IV

配備了大量翼狀感應砲的戰鬥指揮官版本ν鋼彈。由於兒童消費群很喜歡裝設大量武器的造型，因此配備了雙重翼狀感應砲和其他各式武器。

### 全裝甲型鋼彈 Mk- III

由於作為藍本的MS遲遲未能定案，因此便提案以SD CLUB中的熱門機體全裝甲型鋼彈Mk-III，進而設計出這架機體。鋼彈Mk-III本身是騎士鋼彈的藍本機體，這也是它格外受到喜愛的原因所在。

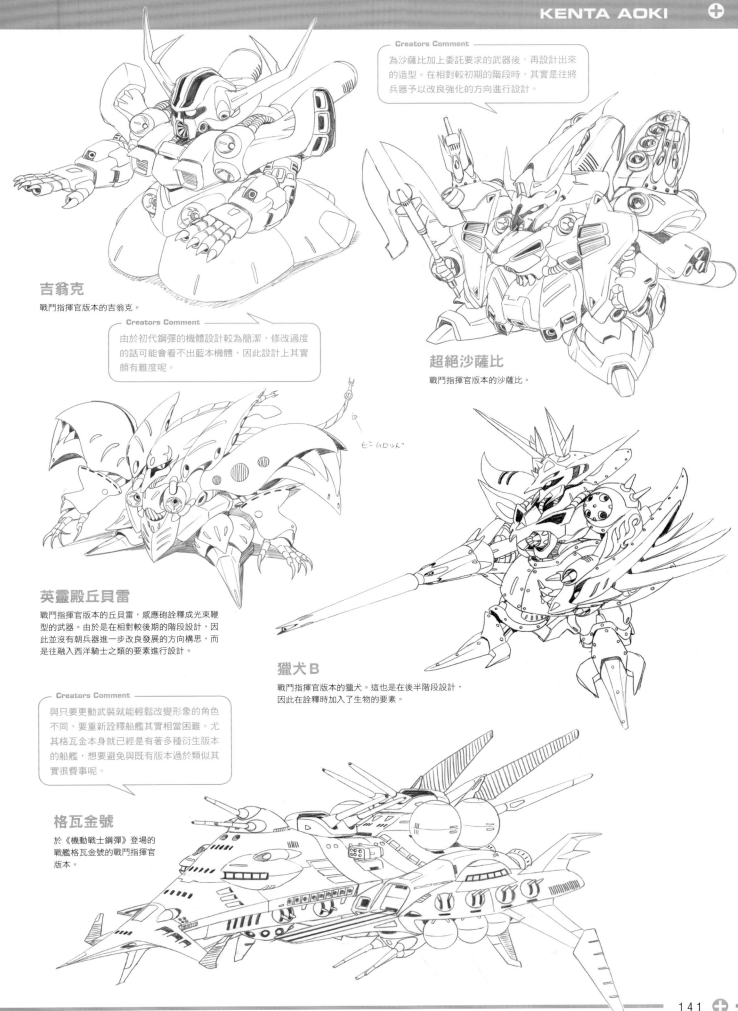

**Creators Comment**
為沙薩比加上委託要求的武器後,再設計出來的造型。在相對較初期的階段時,其實是往將兵器予以改良強化的方向進行設計。

**吉翁克**
戰鬥指揮官版本的吉翁克。

**Creators Comment**
由於初代鋼彈的機體設計較為簡潔,修改過度的話可能會看不出藍本機體,因此設計上其實頗有難度呢。

**超絕沙薩比**
戰鬥指揮官版本的沙薩比。

**英靈殿丘貝雷**
戰鬥指揮官版本的丘貝雷,感應砲詮釋成光束鞭型的武器。由於是在相對較後期的階段設計,因此並沒有朝兵器進一步改良發展的方向構思,而是往融入西洋騎士之類的要素進行設計。

**獵犬 B**
戰鬥指揮官版本的獵犬。這也是在後半階段設計,因此在詮釋時加入了生物的要素。

**Creators Comment**
與只要更動武裝就能輕鬆改變形象的角色不同,要重新詮釋船艦其實相當困難。尤其格瓦金本身就已經是有著多種衍生版本的船艦,想要避免與既有版本過於類似其實很費事呢。

**格瓦金號**
於《機動戰士鋼彈》登場的戰艦格瓦金號的戰鬥指揮官版本。

## No.3 KENTA AOKI TECHNIQUE CATALOG
# 融合戰記變形鋼彈

為了紀念收藏卡20th，而與SUNRISE共同製作的收藏卡。雖然這個卡片對戰遊戲中有融合各樣事物的鋼彈登場，不過青木老師主要是擔綱繪製尚未結合這些要素的鋼彈畫稿。

### 電腦繪圖畫稿

以不添加額外詮釋，僅繪製成SD頭身比例的畫稿。由於採用電腦繪圖上色，因此能將光束和噴射特效繪製成發光模樣。

### 全新頭身比例的拿捏

這是在摸索全新SD頭身比例之餘，設計出來的融合戰記版鋼彈造型。起初提出的設計案在造型上其實有若干重新詮釋。

— Creators Comment —
臂部和腿部追加的黑色粗線，其實是設計用來作為發光部位。

— Creators Comment —
之所以讓攝影機發出光芒，用意在於凸顯身體的線條。

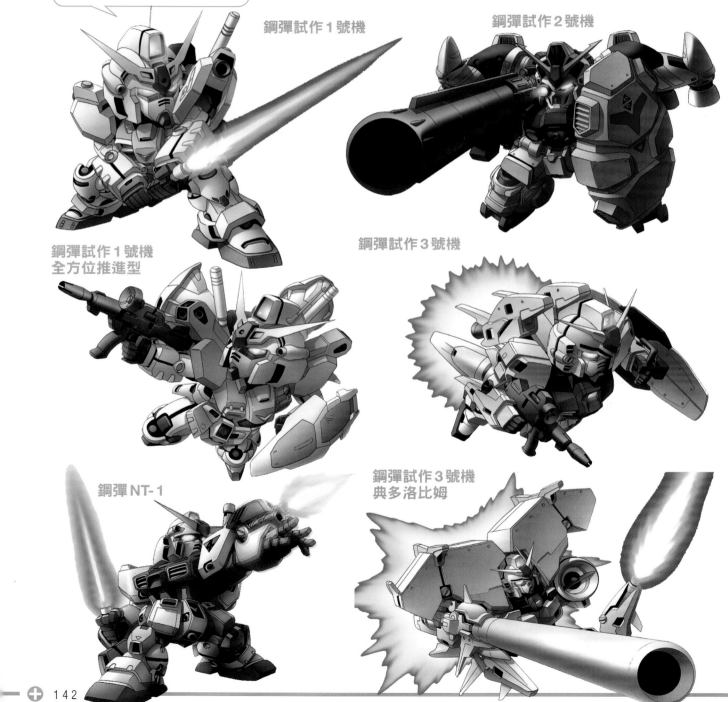

鋼彈試作1號機

鋼彈試作2號機

鋼彈試作1號機
全方位推進型

鋼彈試作3號機

鋼彈NT-1

鋼彈試作3號機
典多洛比姆

ν 鋼彈

神鋼彈

## AT FACTORY

為融合戰記擔綱繪製畫稿的團隊，青木老師就是在 AT FACTORY 裡負責繪製原畫。

Creators Comment

隨著以電腦繪圖方式上色，畫稿也更容易加入發光表現，因此便積極地加入這類效果。繪製時並不是往增加細部結構的方向發揮，而是力求調整發光效果，令畫稿與以往截然不同。

閃光鋼彈

飛翼鋼彈

飛翼鋼彈零式

逆A鋼彈

鋼彈 Ez-8

**SD GUNDAM DESIGN WORKS Mark-II**
by KOJI YOKOI, TOMOYUKI HIYAMA, SUSUMU IMAISHI, SHINYA TERASHIMA, KAZUKI HAMADA,
YUTAKA MIYA, LAYUP, KENTA AOKI

出　　　　版／楓樹林出版事業有限公司
地　　　　址／新北市板橋區信義路163巷3號10樓
郵 政 劃 撥／19907596　楓書坊文化出版社
網　　　　址／www.maplebook.com.tw
電　　　　話／02-2957-6096
傳　　　　真／02-2957-6435
作　　　　者／横井孝二・桧山智幸・今石進・寺島慎也・浜田一紀・
　　　　　　　宮豊・レイアップ・青木健太
翻　　　　譯／FORTRESS
責 任 編 輯／江婉瑄
內 文 排 版／洪浩剛
港 澳 經 銷／泛華發行代理有限公司
定　　　　價／420元
出 版 日 期／2020年8月

國家圖書館出版品預行編目資料

SD鋼彈資料設定集 Mark-II／橫井孝二・桧山智幸・
今石進・寺島慎也・浜田一紀・宮豊・レイアップ
・青木健太作；FORTRESS翻譯. -- 初版. -- 新北市：
楓樹林，2020.08　　面；　公分
ISBN 978-957-9501-82-8（平裝）

1. 玩具　2. 模型

479.8　　　　　　　　　　　　　　　109007722